国家现代学徒制试点教材

"成果导向＋行动学习"课程改革教材

锅炉设备安装技术

主　编　刘　洋　白凤臣
主　审　张福强　赵　岩

哈尔滨工程大学出版社
Harbin Engineering University Press

内容简介

本书系统地阐述了锅炉安装基础知识、锅炉安装前的准备、锅炉本体结构件安装、锅炉附属设备、锅炉烘煮及严密性试验、锅炉安装的质量检验,以及锅炉安装的技术资料等理论与技能方面的相关内容。

本书根据职业教育先进的方法和设计理念,遵循现代学徒制"双主体育人"模式,以课程建设为着力点,按照"教学做"一体化的方法,从项目导入到任务完成,均以典型案例和真实情境为主线,以生产实际过程为抓手,达到工学结合的目的。

本书可作为高等职业教育城市热能应用技术专业的教材,也可作为锅炉制造、安装与运行、检修行业企业培训教材和相关技术管理人员的参考资料。

图书在版编目(CIP)数据

锅炉设备安装技术 / 刘洋,白凤臣主编. —哈尔滨:哈尔滨工程大学出版社,2019.12(2024.8 重印)
ISBN 978 - 7 - 5661 - 2607 - 8

Ⅰ. ①锅… Ⅱ. ①刘… ②白… Ⅲ. ①锅炉 - 设备安装 - 高等职业教育 - 教材 Ⅳ. ①TK226

中国版本图书馆 CIP 数据核字(2019)第 292439 号

选题策划 史大伟 薛 力
责任编辑 宗盼盼
封面设计 李海波

出版发行 哈尔滨工程大学出版社
社 址 哈尔滨市南岗区南通大街 145 号
邮政编码 150001
发行电话 0451 - 82519328
传 真 0451 - 82519699
经 销 新华书店
印 刷 哈尔滨午阳印刷有限公司
开 本 787 mm × 1 092 mm 1/16
印 张 12
插 页 5
字 数 347 千字
版 次 2019 年 12 月第 1 版
印 次 2024 年 8 月第 2 次印刷
定 价 39.00 元
http://www.hrbeupress.com
E - mail:heupress@ hrbeu.edu.cn

前　言

　　锅炉设备安装技术既是城市热能应用技术专业选修课程,又是专业制造与安装方向的核心课程,其在专业中的地位既有独立性,又有全面性。

　　为满足高等职业教育锅炉设备制造相关行业人才培养的需求,结合成果导向教育理念和现代学徒制的逐步深化与实施,真正做到"双主体"育人的人才培养模式,编者在总结多年教学和实践经验的基础上,编写了此本以"成果导向＋行动学习"为蓝图的现代学徒制模式的工学结合教材。

　　本书摒弃了传统的教学模式,构建了学习成果蓝图,在蓝图的目标引导下,以实际项目为载体,以真实任务为学习情境,从项目理解到实施,从任务认领到落实,实现了以学生为中心的教学理念和方法。本书在编写过程中遵循"实用、全面、简洁"的原则,内容符合专业要求,语言精炼准确,力求做到图文并茂。本书的特点之一是整体上采用小理论、大实践,以成果为导向,以行动学习为手段的思想编排;特点之二是编者由校企双主体共同完成。

　　全书共分为 7 个学习项目,31 个学习任务。项目一"锅炉安装基础知识"包括理论基础、常用材料等必备知识;项目二"锅炉安装前的准备"包括技术资料准备、材料机具准备、劳动力组织和现场暂设准备四方面内容;项目三"锅炉本体结构件安装"包括锅炉受热面安装方法及要求、钢结构及平台安装等内容,是本书的核心;项目四"锅炉附属设备"包括锅炉附属设备的分类及安装等内容;项目五"锅炉烘煮及严密性试验"重点介绍内容;项目六"锅炉安装的质量检验"包括检验方法、检验标准等内容;项目七"锅炉安装的技术资料"重点介绍锅炉验收与移交必需的程序。完成上述 7 个项目的学习和训练,学生可以掌握锅炉设备安装的基本技能。

　　参加本书编写的有黑龙江职业学院刘洋(高级工程师)(项目三)、黑龙江职业学院宋海江(项目一)、黑龙江省轻工建设总公司孙会昌(项目二)、黑龙江职业学院白凤臣(项目四)、哈尔滨红光锅炉集团有限公司刘介东(项目五)、黑龙江职业学院岳燕星(项目六之任务一)、大庆市粮食局赵卫东(项目六之任务二)、大兴安岭职业学院杨本原(项目六之任务三)、密山市承紫河中学杨殿美(项目七之任务一、三)、黑龙江职业学院刘洋(讲师)(项目七之任务二)。

　　本书由黑龙江职业学院刘洋(高级工程师)、白凤臣任主编,由哈尔滨红光锅炉集团有限公司张福强、黑龙江职业学院赵岩任主审。全书由刘洋(高级工程师)统稿和定稿。

　　在编写过程中,编者参考和引用了一些专家学者的论著,在此表示感谢。

　　由于编者水平有限,书中难免存在疏漏和不妥之处,敬请广大读者批评指正。

编　者

2019 年 10 月

【成果蓝图】

学校核心能力	城市热能应用技术专业能力指标(标注代码)		
A 沟通合作 （协作力）	AZf1 具备有效沟通、团结协作的能力 AZf2 具备整合热能工程及相关领域知识的能力		
B 学习创新 （学习力）	BZf1 具备学习及信息处理的能力 BZf2 具备节能技术创新意识及创业的能力		
C 专业技能 （专业力）	CZf1 具备掌握热能工程领域所需技术的能力 CZf2 具备运用制造工艺、设备使用规程或锅炉设备操作、故障诊断方法进行锅炉制造与安装或运行与检修的能力		
D 问题解决 （执行力）	DZf1 具备发现、分析热能工程领域实际问题的能力 DZf2 具备解决热能工程领域实际问题及处理突发事件的能力		
E 责任关怀 （责任力）	EZf1 具备承担责任、关怀他人的能力 EZf2 具备环保意识和人文涵养		
F 职业素养 （发展力）	FZf1 吃苦耐劳,恪守职业操守,严守行业标准 FZf2 具备适应岗位变迁及行业中各种复杂多变环境的能力		
课程教学目标 （标注能力 指标）	1. 精熟锅炉安装工程施工工艺图纸,准确计算锅炉安装所需材料量 2. 正确选择锅炉安装方法,编制经济安全的施工方案 3. 精熟锅炉设备安装操作,熟练使用安装工具及检测仪器 4. 能够编制锅炉机组水压试验及烘煮炉方案 5. 能够解决施工中突发的一般性技术问题 6. 协调现场各方资源,保证施工进度及工程质量		CZf1 CZf2 CZf2 CZf2 DZf2 DZf2

核心能力 权重	沟通合作 （A）		学习创新 （B）		专业技能 （C）		问题解决 （D）		责任关怀 （E）		职业素养 （F）		合计
	5%		0		15%		80%		0		0		100%

课程权重	AZf1	AZf2	BZf1	BZf2	CZf1	CZf2	DZf1	DZf2	EZf1	EZf2	FZf1	FZf2	合计
	5%				15%	50%		25%				5%	100%

目　　录

项目一 锅炉安装基础知识

【项目描述】

锅炉是一种体积庞大而构造复杂的热能转换设备,它由许多零部件组成,仅锅炉本体部分就包括锅筒、水冷壁、对流受热面(包括过热器、再热器和省煤器)、各种集箱、各种汽水管道、空气预热器、燃烧设备和锅炉构架等。上述各种零部件因工作过程和条件的不同而对所用材料及安装方法都有不同的要求,特别是各承压部件所用的材料及其安装质量对锅炉性能与安全运行有着十分重要的影响。

随着锅炉设计、制造、安装与运行技术的提高,锅炉工作压力、工作温度不断提高,对钢材的强度、塑性、韧性、耐磨性、耐蚀性以及其他各种物理、化学性能的要求也愈来愈高,碳钢已不能完全满足这些要求,因此出现了满足各种特殊性能要求的合金钢。

图 1-1(见书后附图)为哈尔滨红光锅炉集团有限公司拟生产的 2×SHL20-1.6-AⅡ(即两台 SHL20-1.6-AⅡ)型蒸汽锅炉总图。

本项目的任务是培养学生对锅炉基本概念、介质性质、传热方式、使用材料和各部件工作环境进行分析,使其具备认知锅炉结构、了解锅炉特性、掌握锅炉工作流程、依据规程及锅炉特性正确选择安装材料的职业能力。

【教学环境】

教学场地为锅炉设备检修实训室。学生可利用多媒体教室进行理论知识的学习、小组工作计划的制订、实施方案的讨论等,也可利用检修实训室的设备实现对材料的认知和对设备的熟悉。

任务一 锅炉安装理论基础

【学习目标】

知识目标:
了解锅炉类型与标准;熟悉锅炉工作过程。
技能目标:
能够快速确定锅炉参数及特性指标;能够准确进行锅炉传热计算。
素质目标:
与小组成员密切配合完成认知学习;养成自主学习的习惯。

【任务描述】

本书的任务是根据 SHL20-1.6-AⅡ型蒸汽锅炉的要求分析锅炉特性及主要受压部件的传热、膨胀形式,说明每个部件的特性参数,熟悉相关规程,并能够按照规程要求确定锅炉各部件的工作环境。

【知识导航】

锅炉是利用各种燃料燃烧所释放出的热量,将水加热到一定的温度和压力,供给生产和生活中各种能量需要的设备。常见的锅炉有蒸汽锅炉、热水锅炉、机车锅炉、船用锅炉、原子能锅炉等。

1.1.1 锅炉设备的基本概念

锅炉由"锅"和"炉"以及能保证"锅"和"炉"正常、安全运行所必需的附件、仪表、附属设备三大部分组成。

"锅"是指锅炉中盛放炉水和蒸汽的密闭受压容器,是锅炉的吸热部分。它主要包括锅筒、集箱、对流管、水冷壁管、省煤器、过热器等。

"炉"是指锅炉中能使燃料燃烧并产生高温能量的部分,是锅炉的放热部分。它主要包括炉墙、炉拱、炉床、钢架等。

锅炉附件和仪表的种类很多,通常包括压力表、水位表、安全阀、排污装置、水位警报器、温度计、液位计、流量计等。

锅炉的附属设备包括燃料供给系统(如输煤系统、储煤系统、磨粉系统、抛煤机、给煤机、燃油装置、燃气装置),烟、风系统(主要是鼓、引风机及风烟道等),给水系统(主要包括给水系,以及软化、除氧等水处理设备),以及清灰除渣、除尘系统(包括出渣机、输灰机、除尘器等)。

随着电子工业和仪表工业的发展,锅炉的机械化、自动化程度也在不断提高,如自动给水装置,燃烧自动调节装置,鼓、引风量自动调节及联锁装置,以及自动点火、熄火装置等已较普遍地应用在锅炉上。

1.1.2 锅炉用介质的性质

维持锅炉运行的主要"食粮"是水和燃料,所以水是锅炉不可缺少的介质。锅炉运行通过热交换使水变成蒸汽,其原理是利用水在不同的温度和压力下相态不同这一性质来实现的。

1. 水的三种相态

通过物理学实验我们知道,水因温度、压力条件的不同,有固态、液态、气态三种相态。物质的三种相态互相转化称作物质的相态变化。

冰被加热后,温度逐渐升高,当升到某一温度时,尽管继续加热,温度却不变,这时,固态的冰转化为液态的水,这一相变的现象称为溶解。这一相态转化的温度称为溶点温度。这种相态转化的过程所吸收的热量称为溶解热。液态的水温度继续升高,当升到某一温度时,再继续加热,又出现了温度不变的现象,这时,水就由液态转变为气态,这一相变过程称为汽化。这一相态转化的温度称为沸点,所吸收的热量称为汽化热(或汽化潜热)。反之,气体过冷,放出热量,由气态转化为液态,称为凝结;由液态转化为固态称为凝固。凝固与凝结是溶解与汽化的逆过程。通过实验,上述相态转化在气压不同的地区会得出不同的数据。可见,物质的相态变化不仅与温度有关,而且与压力有关。比如,在标准大气压力下,水的沸点是 100 ℃,而在海拔较高的西藏地区,受气压的影响,相应水的沸点在夏季是 87 ℃,而在冬季仅为 84 ℃。

水的沸点和汽化热与压力的关系见表 1-1。

表 1-1 水的沸点和汽化热与压力的关系

绝对压力 p/Pa	沸点 $t/℃$	汽化热 $Q/(J \cdot kg^{-1})$	绝对压力 p/Pa	沸点 $t/℃$	汽化热 $Q/(J \cdot kg^{-1})$
$0.1 \times 9.8 \times 10^4$	45.45	2 395.4	$5 \times 9.8 \times 10^4$	151.11	2 112
$0.2 \times 9.8 \times 10^4$	59.67	2 361	$10 \times 9.8 \times 10^4$	179.04	2 019
$0.5 \times 9.8 \times 10^4$	80.86	2 307.8	$14 \times 9.8 \times 10^4$	194.13	1 963
$1 \times 9.8 \times 10^4$	99.09	2 260.9	$26 \times 9.8 \times 10^4$	224.99	1 835.6
$2 \times 9.8 \times 10^4$	119.62	2 205.6			

2. 水、汽的转化过程

在标准大气压力下,水在 0 ℃以下为冰,在 0 ~ 100 ℃为水,在 100 ℃以上为水蒸气。水的凝固点是 0 ℃,沸点是 100 ℃。

水加热至沸点时,吸收汽化热后成为饱和水。饱和水是水、汽的分界点。若继续加热,饱和水就由水变成水蒸气(湿蒸汽),再继续加热到一定温度,湿蒸汽就变成干饱和蒸汽。干饱和蒸汽是湿蒸汽与过热蒸汽的分界点,干饱和蒸汽再继续加热,即形成过热蒸汽。反之,在遇冷放热后,过热蒸汽变成干饱和蒸汽,继而变成湿蒸汽,最后形成水。此过程为吸热的逆过程。

锅炉中设计了各种受热面,其作用在于通过燃料燃烧放热,达到使水变为蒸汽的目的。当然,有时需要饱和蒸汽,有时需要过热蒸汽。需要过热蒸汽时,就在锅炉受热面上布置过热器。这要视所需过热蒸汽的温度来考虑过热器的面积或加设再热器。蒸汽锅炉的水汽系统如图 1-2 所示。

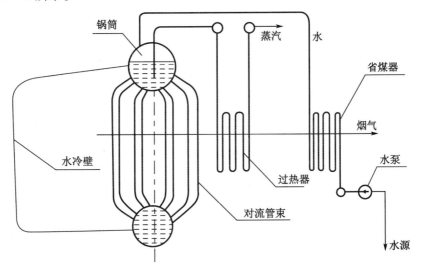

图 1-2 蒸汽锅炉的水汽系统

1.1.3 锅炉的传热方式

燃料在炉内燃烧,放出大量的热,通过布置在各部位的受热面传递给"锅"内的水或蒸汽,其传热过程如图1-3所示。高温烟气将热量传至受热面的外壁 A 点处(壁温为 $t_{壁1}$),再由外壁传至内壁 B 点处(壁温为 $t_{壁2}$),最后传给锅水或蒸汽。热量总是由高温区向低温区传递。

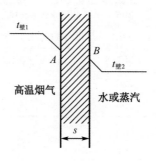

图1-3 传热过程示意图

锅炉的传热方式大致有三种:导热、辐射传热和对流传热。

1. 导热

导热就是通过物体的直接接触,靠电子运动热量从高温区向低温区传递的过程。

平板导热可以按以下关系式计算:

$$Q_{导} = \lambda H \left(\frac{t_{壁1} - t_{壁2}}{s} \right) \times 4.19$$

式中　$Q_{导}$——每小时通过平板一定面积的热量,J/h;

　　　λ——材料的导热系数,J/(m·h·℃);

　　　H——垂直于导热方向的平板面积,m²;

　　　s——平板厚度,m。

在工业锅炉中,受热面管子的金属壁较薄,其内径与外径的比大于0.5,一般可按平板近似计算。

上述计算是在理想状态且受热面不挂灰尘、不结垢的情况下进行的,而在实际计算中,可用下式计算:

$$Q_{导} = Hq_{导}$$

式中　$q_{导}$——热流密度,J/(m²·h)。

$$q_{导} = \frac{t_{壁1} - t_{壁4}}{\dfrac{s_1}{\lambda_1} + \dfrac{s_2}{\lambda_2} + \dfrac{s_3}{\lambda_3}} \times 4.19$$

式中　$t_{壁1}$——灰层表面温度,℃;

　　　$t_{壁4}$——水垢层表面温度,℃;

　　　s_1——灰层厚度,m;

　　　s_2——金属平板厚度,m;

　　　s_3——水垢层厚度,m;

　　　λ_1——灰层导热系数,J/(m·h·℃);

　　　λ_2——金属平板导热系数,J/(m·h·℃);

　　　λ_3——水垢层导热系数,J/(m·h·℃)。

导热系数 λ 可查阅表 1－2 得到。

表 1－2　锅炉常用材料在常温下的导热系数

单位:J/(m·h·℃)

材料名称	导热系数 λ	材料名称	导热系数 λ
铜	1 257 ~ 1 466.5	耐火砖	3.35 ~ 5.03
合金钢	62.85 ~ 125.7	石灰泥	2.51 ~ 4.19
生铁	150.80 ~ 226.26	石棉	0.36 ~ 4.19
水	2.09	硅藻土砖	0.62
空气	0.084	锅炉水垢	2.09 ~ 8.38
烟灰	0.20 ~ 0.42	玻璃纤维	0.16 ~ 0.18
红砖	2.09 ~ 2.93	硅石砖	0.36 ~ 4.19

2. 辐射传热

辐射传热是靠电磁波的振动传递能量的一种方式,其特点是物体与物体不接触,以辐射的方式把热量从高温物体传递到低温物体上。

辐射传热必须有放热体和吸热体。根据物质的性质和温度的不同,其辐射放热或吸热的能力也不同。如图 1－4 所示,来自物体的辐射热 $Q_投$,一部分被吸收($Q_吸$),一部分被物体反射回去($Q_反$),剩余部分穿过物体($Q_穿$)。锅炉管传热时,$Q_穿 = 0$,热量吸收率 $Q_吸/Q_投 = 80\%$,反射率 $Q_反/Q_投 = 20\%$。

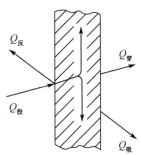

图 1－4　物体辐射换热图

3. 对流传热

对流传热就是热源直接冲刷受热体的传热过程,比如烟气冲刷省煤器、过热器等都属于对流传热。对流传热的传热量可用下式计算:

$$Q_对 = K \times \Delta t \times H$$

式中　K——对流传热系数,J/(m²·h·℃);

　　　H——放热壁面面积,m²;

　　　Δt——烟气温度与壁面温度之差,℃;

　　　$Q_对$——对流传热量,J/h。

1.1.4 热胀冷缩对锅炉的影响

任何物体都存在热胀冷缩的现象,温度升高,长度就会伸长,体积就会增大;反之温度降低,长度就会缩短,体积就会减小。物理学中把这种长度伸长称作线膨胀,把这种体积增大称作体膨胀,总称热膨胀。

固体的热膨胀和物体原来的长度、线膨胀系数及温差成正比,可用如下关系式计算:

$$\Delta t = \alpha L_0 (t_2 - t_1)$$

式中　Δt——物体受热后的膨胀长度,mm;

　　　L_0——物体原来的长度,mm;

　　　α——物体的线膨胀系数;

　　　t_1——物体原来的温度,℃;

　　　t_2——物体受热后的温度,℃。

工业锅炉常用材料的线膨胀系数可查阅表1-3。

表1-3　工业锅炉常用材料的线膨胀系数

材料名称	线膨胀系数 $\alpha/℃^{-1}$	材料名称	线膨胀系数 $\alpha/℃^{-1}$
碳素钢	10.5×10^{-6}	耐火砖	$5 \times 10^{-6} \sim 7 \times 10^{-6}$
铸铁	12×10^{-6}	红砖	$8 \times 10^{-6} \sim 9 \times 10^{-6}$
熟铁	12.3×10^{-6}	硅藻土砖	$0.90 \times 10^{-6} \sim 0.97 \times 10^{-6}$
黄铜	18.4×10^{-6}	耐火水泥	$5 \times 10^{-6} \sim 7 \times 10^{-6}$
青铜	17.5×10^{-6}		

工业锅炉的制造与安装往往是在常温状态下进行的,而锅炉的运行又都是处于高温的热状态之下,因此在锅炉安装时,就应注意到各零部件的热膨胀及热膨胀的方向等问题。比如锅筒的固定,在设计上是一端采用固定结构,而另一端采用活动鞍座,其目的就是避免热膨胀导致锅炉损坏。

热膨胀产生的胀力是很大的,足以使零部件损坏。所以,在锅炉设计、制造特别是安装时,应充分考虑热膨胀问题。锅筒、集箱、受热面管都应在一定方向留有膨胀余地;集箱与炉墙板之间,炉排边片与侧密封板之间均须留有足够的空隙,以保证热态运行时,不因热膨胀而影响锅炉的安全运行。

锅炉各零部件的结构、材质、形状各不相同,所以热膨胀的方向和膨胀量也不一样。在炉墙与钢架、锅筒、集箱等的接合处,在砌筑时,要用石棉绳、石棉板填充,以保证其有伸缩余地。

此外,当锅炉受热部件受热不均匀时,因热膨胀的不同,也会产生很大的热应力,从而使零部件变形甚至损坏,特别是在烘炉升温期间和停炉冷却期间最容易发生。所以,点炉、停炉时,必须按要求控制好升温或冷却的速度。

液体受热时,体积会膨胀,所以锅炉在冷炉启动时,必须考虑这一因素,炉水不能加得过多,应控制在低水位线,以求给炉水留出受热体积膨胀的余地。

【任务实施】

1. 了解 SHL20-1.6-AⅡ型蒸汽锅炉参数及工作特性。

2. 分析每个受压元件的工作环境,确定其工作参数。

3. 确定每个受压元件的传热方式及膨胀特性,填写表 1 - 4。

表 1 - 4　锅炉主要元件的传热方式、特性及工作环境

序号	锅炉元件	传热方式	膨胀特性	工作环境
1	锅筒			
2	水冷壁			
3	对流管束			
4	省煤器			
5	预热器			
6	集箱			

【复习自查】

1. 锅炉的定义及安装执行的标准是什么?

2. 锅炉的传热方式有几种,各传热方式的区别是什么?

3. 按任务给定条件确定锅炉对流管束的热膨胀量。

任务二　锅炉用金属材料

【学习目标】

知识目标:

能够灵活运用金属材料理论解析锅炉用金属材料的机械性能。

技能目标:

能够根据锅炉元件的工作环境确定其采用的金属材料。

素质目标:

树立认真、严谨、科学的学习观。

【任务描述】

本节的任务是分析 SHL20 - 1.6 - AⅡ型蒸汽锅炉主要受压部件中锅筒、集箱、水冷壁和省煤器等材料的机械性能、元素含量及工艺特性。

【知识导航】

1.2.1　锅炉用金属材料的性能

锅炉有的是在高温、高压条件下工作的,有的是在较大的荷载下工作的,所以对锅炉用金属材料必须进行比较严格的挑选,并在使用前进行复验,以求使其符合蒸汽锅炉的有关要求。

1. 锅炉用金属材料的机械性能

对锅炉用金属材料的机械性能要从以下几个方面进行测试和考核。

（1）抗拉强度

金属材料在外力（拉应力）的作用下，不遭破坏的最大抵抗能力称为抗拉强度，用 σ_b 表示，单位为 N/mm²。抗拉强度就是试件被拉断前的最大负荷 P_b（N）与原横截面积 F_0（mm²）之比，即 $\sigma_b = P_b/F_0$。

（2）屈服强度

在拉伸试验中，金属材料超过了弹性极限，虽不增加拉力，但试件仍伸长，这时试件中的应力称为屈服强度或屈服极限，用 σ_s 表示，单位为 N/mm²。

（3）塑性

塑性就是金属材料在外力作用下不发生破裂的永久变形的抵抗能力，可用延伸率 δ 和断面收缩率 ψ 来度量。延伸率 δ 可用下式表示：

$$\delta = \frac{L_1 - L}{L} \times 100\%$$

式中　L_1——试件断裂时被拉长后的长度，mm；

　　　L——试件的原长度，mm。

断面收缩率 ψ 可用下式表示：

$$\psi = \frac{F - F_1}{F} \times 100\%$$

式中　F——试件原断面积，mm²；

　　　F_1——试件被拉断后的断面积，mm²。

（4）韧性

韧性就是金属材料对负荷的抵抗能力，用 α_K 表示，单位为 J/cm²。韧性可用下式表示：

$$\alpha_K = A_K/F'$$

式中　A_K——击断试样所消耗的冲击能，J·m；

　　　F'——试验前在试件缺口处的断面积，cm²。

（5）硬度

硬度就是金属材料的软硬程度，一般有洛氏硬度、布氏硬度、肖氏硬度等表示方法。

2. 锅炉用金属材料的工艺性能试验

（1）钢板及焊缝金属的弯曲试验

冷弯主要是衡量金属的冷加工性能和塑性，按 GB/T 232—2010《金属材料　弯曲试验方法》和 JB/T 1614—1994《锅炉受压元件焊接接头力学性能试验方法》的规定进行试验。

（2）管子扩张试验

管子扩张主要是衡量管子的塑性，如试胀。

（3）管子的压扁试验

GB/T 246—2017/ISO 8492：2013《金属材料　管　压扁试验方法》要求，压扁后管壁应无裂纹。

（4）管子卷边试验

管子卷边主要是看其塑性及卷边适应性是否符合锅炉零部件的工艺要求。

3. 碳、硅、锰、硫、磷等化学元素对钢材性能的影响

（1）碳（C）

碳在钢中的含量①增加，会使钢的强度和硬度增加，塑性及韧性降低，焊接性能变差；碳在钢中的含量减少时，与上述情况相反。所以，锅炉用钢的含碳量控制在 0.12% ~ 0.28% 较为合适。

（2）硅（Si）

硅在钢中能使各元素均匀分布，增加钢的强度，但含硅量过高会影响焊接性能。所以，锅炉用钢的含硅量一般控制在 0.1% ~ 0.3%。

（3）锰（Mn）

锰能提高钢的强度和耐腐蚀性能。

（4）硫（S）

硫在钢中以硫化亚铁的形态存在，其熔点较低，能使钢材在 400 ~ 600 ℃ 工作时或在 800 ℃ 以上热加工时产生热裂纹。锅炉用钢的含硫量一般控制在 0.040% ~ 0.045%。

（5）磷（P）

磷在钢中存在有害无益，具有严重的偏析倾向。磷集聚的地方，就成为冷裂纹的起点。钢的含磷量增加，可增加冷脆性，降低韧性。所以，锅炉用钢的含磷量一般控制在 0.04% 左右。

1.2.2　锅炉常用的金属材料

（1）锅筒用钢板

①基本要求：

a. 质量优良。应采用由平炉或电炉炼出的钢或者采用同质量的钢；应采用镇静钢，不能采用沸腾钢，要求钢的分层、非金属夹杂物、气孔等缺陷尽量少，但不得有裂纹和白点。

b. 有较高的强度。

c. 有良好的延伸性和可焊性。

d. 有较低的时效敏感性。

e. 钢材出厂前和进锅炉厂后要进行复验。

②锅炉用钢板适用范围、化学成分及机械性能见表 1-5，并应执行 TSG G0001—2012《锅炉安全技术监察规程》。

表 1-5　锅炉用钢板适用范围、化学成分及机械性能

钢的种类	牌号	标准编号	适用范围	
			工作压力/MPa	壁温/℃
碳素钢	Q235B Q235C Q235D	GB/T 3274—2017	≤1.6	≤300
	15,20	GB/T 711—2017		≤350

---

① 本书中含量均指质量分数。

表 1-5（续）

钢的种类	牌号	标准编号	适用范围	
			工作压力/MPa	壁温/℃
碳素钢	Q245R	GB 713—2014	≤5.3	≤430
	Q345R	GB 713—2014		≤430
合金钢	15CrMoR	GB 713—2014	不限	≤520
	12CrlMoVR	GB 713—2014	不限	≤565
	13MnNiMoR	GB 713—2014	不限	≤400

（2）受热面管子、管道和集箱用钢

①基本要求：

a. 必须是优质钢，必须是无缝管（空气预热器除外）。

b. 由于过热器管、过热蒸汽管道和集箱的工作壁温都较高，因此材质选择很严格，并应具有足够的持久强度、持久塑性、抗变性能等。

c. 水冷壁、省煤器等受热面管子应具有较好的中温强度。

d. 具有良好的可焊性。

e. 严格履行出厂检验及复检的程序。

②锅炉用钢管适用范围、化学成分及机械性能见表 1-6。

表 1-6 锅炉用钢管适用范围、化学成分及机械性能

钢的种类	牌号	标准编号	适用范围		
			用途	工作压力/MPa	壁温/℃
碳素钢	Q235B	GB/T 3091—2015	热水管道	≤1.6	≤100
	L210	GB/T 9711—2017	热水管道	≤2.5	—
	10、20	GB/T 8163—2018	受热面管子	≤1.6	≤350
			集箱、管道		≤350
		YB 4102—2000	受热面管子	≤5.3	≤300
			集箱、管道		≤300
		GB 3087—2008	受热面管子	≤5.3	≤460
			集箱、管道		≤430
	20G	GB 5310—2008	受热面管子	不限	≤460
			集箱、管道		≤430
	20MnG、25MnG	GB 5310—2008	受热面管子	不限	≤460
			集箱、管道		≤430

表 1 - 6（续）

钢的种类	牌号	标准编号	适用范围		
			用途	工作压力/MPa	壁温/℃
合金钢	15Ni1MnMoNbCu	GB 5310—2008	集箱、管道	不限	≤450
	15MoG、20MoG	GB 5310—2008	受热面管子	不限	≤480
	12CrMoG、15CrMoG	GB 5310—2008	受热面管子	不限	≤560
	15Ni1MnMoNbCu	GB 5310—2008	集箱、管道	不限	≤450
	15MoG、20MoG	GB 5310—2008	受热面管子	不限	≤480
	12CrMoG、15CrMoG	GB 5310—2008	受热面管子	不限	≤560
			集箱、管道	不限	≤550
	12Cr1MoVG	GB 5310—2008	受热面管子	不限	≤580
			集箱、管道	不限	≤565
合金钢	12Cr2MoG	GB 5310—2008	受热面管子	不限	≤600
			集箱、管道	不限	≤575
	12Cr2MoWVTiB	GB 5310—2008	受热面管子	不限	≤600
	12Cr3MoVSiTiB		受热面管子	不限	≤600
	07Cr2MoW2VNbB	GB 5310—2008	受热面管子	不限	≤600
	10Cr9Mo1VNbN	GB 5310—2008	受热面管子	不限	≤650
			集箱、管道	不限	≤620
	10Cr9MoW2VNbBN	GB 5310—2008	受热面管子	不限	≤650
			集箱、管道	不限	≤630
	07Cr19Ni10	GB 5310—2008	受热面管子	不限	≤670
	10Cr18Ni9NbCu3BN	GB 5310—2008	受热面管子	不限	≤705
	07Cr25Ni21NbN	GB 5310—2008	受热面管子	不限	≤730
	07Cr19Ni11Ti	GB 5310—2008	受热面管子	不限	≤670
	07Cr18Ni11Nb	GB 5310—2008	受热面管子	不限	≤670
	08Cr18Ni11NbFG	GB 5310—2008	受热面管子	不限	≤700

（3）焊条、焊丝

工业钢炉制造、安装所用的焊条、焊丝应符合 TSG G0001—2012《锅炉安全技术监察规程》的规定。

工业锅炉常用焊丝性能见表 1 - 7。

表 1-7　工业锅炉常用焊丝性能

钢号			化学成分/%							适用于
牌号	代号	C	Mn	Si	Cr	Ni	S	P		适用于
							不大于			
碳素结构钢	焊08	H08	≤0.10	0.30~0.55	≤0.03	≤0.20	≤0.30	0.040	0.040	焊接优质碳素钢
	焊08锰	H08Mn	≤0.10	0.80~1.10	≤0.07	≤0.20	≤0.30	0.040	0.040	焊接16Mng钢板
	焊08高	H08A	≤0.10	0.30~0.55	≤0.03	≤0.20	≤0.30	0.030	0.030	焊接优质碳素钢
合金结构钢	焊10Mn2	H10Mn2	≤0.12	1.50~1.90	≤0.07	≤0.20	≤0.30	0.40	0.40	焊接20g和16Mng钢板

（4）锅炉用金属材料的复验

由于锅炉属于特种设备,经常在高温、高压下工作,一旦出现事故,会危及人民生命及国家财产的安全,为了使锅炉安全可靠地运行,不论是钢炉的制造,还是现场安装,都要对受压元件的材质及焊条、焊丝进行复验,以求保证焊接工艺的准确性,以及使用的可靠性。

现场安装时,用于受热面上的板材、管材以及焊条、焊丝,既要有制造厂的合格证或质量保证书,又要进行取样复验,以保证其准确性。

【任务实施】

根据给定任务,确定其构成元件的工艺参数并选择应采用的金属材料、材料特性和元素含量,填写表 1-8。

表 1-8　锅炉主要元件金属材料的选择

序号	锅炉元件	工艺参数	金属材料	材料特性	元素含量
1	锅筒				
2	水冷壁				
3	对流管束				
4	省煤器				
5	预热器				
6	集箱				

【复习自查】

1.锅炉用金属材料机械性能有哪几种表达方式?

2.碳元素含量多少对金属材料的机械性能有何影响?

3.合金钢与普通碳钢的性能区别有哪些?

任务三 锅炉安装常用耐火与保温材料

【学习目标】

知识目标：

掌握耐火与保温材料的性能特点。

技能目标：

准确进行锅炉用耐火与保温材料分析及选择。

素质目标：

主动参与小组认知学习,完成耐火与保温材料的选择;展现职业素养,养成积极学习的习惯。

【任务描述】

本节的任务是分析 SHL20 – 1.6 – A Ⅱ 型蒸汽锅炉墙体、炉拱所用耐火材料的性能及不同部位,包括锅炉本体、管道等保温材料的特性;能够正确选择耐火与保温材料。

【知识导航】

工业锅炉本体除了"锅"以外,就是"炉"。炉由炉墙、炉拱、钢结构等组成。炉墙、炉拱等都是由各种耐火与保温材料砌筑而成的。因此,选用优质的耐火与保温材料对锅炉的使用寿命有着直接影响。下面把锅炉对耐火与保温材料的基本要求简述如下。

1.3.1 锅炉用耐火材料

耐火材料是指能与高温火焰、烟气直接接触并受其冲刷的材料。因此,耐火材料必须具有耐火性、热稳定性、体积稳定性、化学稳定性、有一定的抗压强度及较小的导热系数等特殊性质。工业锅炉常用耐火材料见表 1 – 9。

表 1 – 9 工业锅炉常用耐火材料

名称	符号	牌号分类	组成(化学成分或物理性能)	用途	特点
黏土质耐火砖	GoN	(按 Al_2O_3 主要含量分)GoN – 40、GoN – 35	Al_2O_3、SiO_2、Fe_2O_3	制作锅炉燃烧室炉膛,同火焰、高温火烟气和灰渣等直接接触部分	① 使用温度 1 350 ~ 1 400 ℃; ②密度 1 500 ~ 1 800 kg/m³; ③ 导热系数 2 933 ~ 5 028 J/(m·h·℃)
轻质黏土耐火砖	QN	(按其密度分)QN – 1.3a、QN – 1.3b、QN – 1.0、QN – 0.8、QN – 0.4			① 使用温度 1 150 ~ 1 400 ℃; ②密度 400 ~ 1 300 kg/m³

表 1 - 9(续)

名称	符号	牌号分类	组成(化学成分或物理性能)	用途	特点
轻质高铝砖					①耐火度达 1 750 ℃；②密度 800 ~ 1 000 kg/m³；③良好耐热,其导热系数 1 441 J/(m·h·℃)
红砖		(按其抗压强度分) 200,150,100,75,50		制作锅炉尾部烟道的烟道墙、炉墙的外砖墙,使用温度可达 700 ℃	①密度 1 700 ~ 2 000 kg/m³；②导热系数 1.89 ~ 2.70 J/(m·h·℃)
黏土质耐火泥	NF	(按其成分分) NF - 40、NF - 38、NF - 34、NF - 28 (按其颗粒度组成分) 粗粒火泥、中粒火泥、细粒火泥		制作砌筑黏土质耐火砖与灰浆	①在 10 ℃ 以上潮湿条件下进行硬化,可发挥其应有强度；②可浇筑成任意形状；③良好的抗水性和大气稳定性；④较高的电绝缘性；⑤耐火度可达 1 750 ℃ 以上
耐火水泥		铝酸盐水泥、矾土水泥	Al₂O₃ (占75%)、CaO、	制作耐火混凝土	
耐火混凝土			SiO₂、Fe₂O₃ 骨料(黏土质砖块、铬矿砂)和黏结料(水泥)	制作锅炉炉膛中炉顶、冷灰斗、高温烟道部位的炉墙,一般使用温度为 900 ~ 1 350 ℃,如采用钢玉或碳化硅为骨料时,工作温度可达 1 650 ~ 1 800 ℃	①耐灭度高；②抗压强度大；③热稳定性好；④可代替复杂部位的砌砖；⑤可进行局部修补
耐火塑料		铬矿砂塑料、矾土水泥塑料、硅酸盐水泥塑料、低温塑料	骨料(黏土砖块、铬矿砂)和黏结料(耐火黏土、水玻璃、水泥)	①保护锅筒与集箱等,不使其直接受高温烟气冲刷加热；②可涂敷炉膛中的燃烧带；③保护炉内的金属构件不被飞灰磨损；④可代替局部复杂炉端的砌砖	使用温度可达900 ~ 1 700 ℃

1.3.2 锅炉用保温材料

保温材料是指包敷在锅炉、管道及附属设备外表面,防止散热损失的材料。对这种材料的要求是导热系数小、传热度高、有一定强度、经济并便于施工。工业锅炉常用保温材料见表1-10,现场安装时可参照选用。锅炉安装中除了需用大量的耐火与保温材料外,还需要较多其他非金属材料,可参照表1-11选用。

【任务实施】

将SHL20-1.6-AⅡ型蒸汽锅炉耐火与保温部位的确定及其材料构成记录在表1-12中。

表1-12　锅炉主要元件及使用钢材选择

序号	耐火、保温部位	工作环境	耐火、保温材料选择	耐火、保温材料特性
1				
2				
3				
4				
5				
6				

【复习自查】

1. 锅炉耐火材料需要具备哪些特性?
2. 对锅炉保温材料的要求有哪些?

表1-10　工业锅炉常用保温材料

名称	组成	性能指标									用途	特点
		容重 γ /(kg·m^{-3})	耐热度 t_k/℃	导热系数 λ/[J·(m·h·℃)$^{-1}$]	抗折强度 σ_1/(N·cm^{-2})	含水率 W/%	抗压强度 σ_2/(N·cm^{-2})	烧结温度 t_k/℃	纤维直径 d/mm	吸湿率 /%		
硅藻土砖	碳酸镁、硅藻土一级、二级	450~650	1 280	0.29~0.50			49~108				工作温度在1 000 ℃以下，热载体中间隔热层	①气孔率大；②导热系数小；③热胀系数小；④强度差，易碎，怕震
石棉粉		140~600	450~750	0.17~0.34		5~7					用于锅炉与蒸汽管道保温	①良好绝热性；②导热系数小
苏维利特板（石棉白云石板）（石棉）	碳酸镁、碳酸钙、石棉混合组成白云石（85%）和石棉（15%）	350~400	≤500	<0.31~0.36（50 ℃时）								
硅石制品		400~500	≤700		≥19.6	≤8					热体设备的外层保温	①良好的保温热性能；②不宜与烟气直接接触；③强度差，易碎，怕震；④价格低
硅石水泥制品	水泥作胶结材料	430~500	800	0.34~0.50	>24.5						制作热体表面温度在600 ℃以下的热绝缘保温材料	
水泥珍珠岩	磷酸盐作黏结剂烧结	200~250		0.16~0.19			59~98				用于温度1 000 ℃以下	①导热系数小；②容重小；③耐热度高；④制作简单；⑤价格低
	硅酸盐水泥，按质量配合比为156：131：390（上海锅炉厂配比）	320					59				使用温度可达600 ℃	

表1-10(续1)

名称	组成	容重 γ/(kg·m^{-3})	耐热度 t_k/℃	导热系数 λ/[J·(m·h·℃)$^{-1}$]	抗折强度 σ_1/(N·cm^{-2})	含水率 W/%	抗压强度 σ_2/(N·cm^{-2})	烧结温度 t_k/℃	纤维直径 d/mm	吸湿率/%	用途	特点
矿渣棉		114~130		0.12~0.15				780~820	3.63~4.2			①经济、耐久；②良好的隔音、防震性；③价格低；④受震易碎；⑤对人体有刺激性
矿渣棉	矿渣棉与耐高温的黏结剂混合制成的毡制品	347~384		0.19~0.28				750	3.63~4.2	10.8		
超细玻璃棉		8~12	450	0.12~0.13					≤1			①对人体无刺激性；②价格较低；③容重小、轻软，导热系数小；④良好弹性；⑤良好的隔音、防震和过滤性
微细硅酸钙	石灰、硅藻土、石棉绒、水玻璃	250	600	0.15+0.000 177t（t为温度）								①成本低；②硬度低、易碎，难粉刷，不能淋雨

性能指标

表 1-10（续2）

名称	组成	性能指标									用途	特点
		容重 γ /(kg·m⁻³)	耐热度 t_k/℃	导热系数 λ/[J·(m·h·℃)⁻¹]	抗折强度 σ_1 /(N·cm⁻²)	含水率 W/%	抗压强度 σ_2 /(N·cm⁻²)	烧结温度 t_{-k}/℃	纤维直径 d/mm	吸湿率 /%		
保温混凝土	硅石型 400#硅酸盐水泥(11%)+石棉粉(22%)+硅酸钙碳酸石(粒度为3.7~7 mm)(67%)	600	600	$0.37+0.000\,177t$ (t 为温度)			41.7					
	硅藻土型 400#硅酸盐水泥(15%~25%)+硅藻土砖粒(粒度<1 mm约25%,1~3 mm约50%,3~8 mm,约25%)+5~6级石棉(15%)											
	泡沫型 硅酸盐水泥+水泡沫+耐热填充料(飞灰黏土制品碎块等)											①强度较低; ②经蒸汽养护,可适当提高温度

表 1-11　工业锅炉厂用其他非金属材料

名称	组成不同,有不同分类及特点		
炉墙的密封涂料	①菱苦土(20%)+石英粉(15%)+石棉纤维(50%)+煤沥青(15%)100 kg干料+氯化镁(MgCl₂)50 kg溶液	②耐火黏土(10%)+6级石棉纤维(40%)+烧黏土屑(40%)(颗粒度<1 mm)+400#硅酸盐水泥(10%)+水玻璃8%	③石英砂(70%)或硅砖粉(粒度<1 mm)+6级石棉纤维(10%)+水玻璃(20%)
砌筑炉墙用的灰浆	④400#以上硅酸盐水泥(20%)+石棉绒(10%)+硅藻土(50%)(粒度1~3 mm)+麻刀(1.5%)	⑤400#以上硅酸盐水泥(18%)+碳酸钙石棉(9%)+煤屑(73%)(粒度1~3 mm)+麻刀(2%)	⑥400#以上硅酸盐水泥(16.7%)+石棉绒(16.7%)+珍珠岩(66.4%)
砌筑炉墙用的灰浆	①砌筑烧结土粉末(55%~75%)+耐火黏土粉末(25~45%)(生料)	②砌筑红砖的灰浆为石灰水泥浆(石灰:水泥:黄沙=3:1:16)	③砌筑硅藻土砖的灰浆,可采用硅藻土灰浆、硅藻土水泥灰浆、硅藻土石棉灰浆
锅炉热设备系统用的紧密密封	热绝缘材料	石棉绳	石棉布	石棉板
接合面密封垫料	石棉粉胶封板按工作压力分等级、性能		
密封垫料	橡胶石棉盘据和油浸石棉盘根		
锅炉水位计玻璃管(按工作压力分)	①玻璃管,适用于工作压力 $p \leqslant 156.8 \times 10^4$ Pa (16 kgf/cm²)①	②玻璃板,适用于工作压力 $p \leqslant 245 \times 10^4$ Pa (25 kgf/cm²)	③玻璃板,适用于工作压力 $p \leqslant 392 \times 10^4$ Pa (40 kgf/cm²)
硬聚氯乙烯板材料	可作为耐腐蚀及化工结构材料,可用作水质处理材料;加热弯曲时不应出现裂纹,分层与起泡		
硬聚氯乙烯管材料	按壁厚分为:轻型管,使用工作压力 $p \leqslant 6$ kgf/cm²; 重型管,使用工作压力 $p \leqslant 10$ kgf/cm²	物理性能:容重 $\gamma = 1.350 \sim 1.600$ kg/m³ 抗拉强度 $\sigma_b = 300$ kgf/mm²(在20 ℃±2 ℃下保持1 h 不破裂) 抗拉强度 $\sigma_b = 100$ kgf/mm²(在60 ℃±2 ℃下保持1 h 不破裂)	

注:① 1 kgf=9.806 65 N。

任务四　锅炉安装的要求与内涵

【学习目标】

知识目标：

熟悉锅炉安装的要求；理解锅炉安装的内涵。

技能目标：

准确解读 TSG G0001—2012《锅炉安全技术监察规程》；准确解读 GB 50273—2009《锅炉安装工程施工及验收规范》。

素质目标：

与小组成员密切配合完成认知学习；展现职业素养，养成积极学习的习惯。

【任务描述】

本节的任务是分析 SHL20 – 1.6 – AⅡ型蒸汽锅炉安装的技术要求，准确定位锅炉安装的项目内容。

【知识导航】

工业锅炉，特别是水管锅炉，是由上万个甚至几万个零件组成的，而金属的质量已由十几吨增到几十吨，乃至上百吨。比如蒸发量为 35 t/h 的锅炉，仅锅筒就重 13 t。如此庞大的锅炉设备，由于受制造条件、运输条件的限制，不可能在制造厂全部组装完毕后再出厂，这其中有大量的工作是在现场安装中完成的。蒸发量越大、金属质量越大的锅炉，现场安装的工作量就越大。因此，现场安装是锅炉制造的一部分，是锅炉制造的继续。

锅炉安装不仅是锅炉制造的继续，也是锅炉制造质量的检查工序，相当于锅炉制造的组装车间。因此，锅炉安装和锅炉制造对锅炉的安全运行有同等重要的意义。

锅炉安装能发现和解决锅炉制造与部件组装中的如下问题：

（1）能够对制造厂的技术资料、质量证明书、锅炉零件的材质及材料代用等问题进行复查，对保证质量有促进作用。

（2）对锅炉制造厂运来的零部件进行复查，有利于做到不符合锅炉制造标准的零部件不安装，这能对提高锅炉的质量、确保其安全运行起到监督作用。

（3）水管锅炉（除快装锅炉）的大部分受压元件都是单件、单根运到使用单位的，要在现场把这些元件组对起来，进行整体水压试验，可见安装阶段的焊接质量、胀接质量都对确保锅炉的安全运行具有重要的意义。

工业锅炉安装的基本要求如下：

工业锅炉安装是一项比较复杂的工作。起重工、焊工、管工、钳工、砌筑工、工程技术人员等需要密切配合，才能完成任务。为了保证锅炉安装质量，国家技术监督部门、锅炉制造厂都对锅炉安装有明确的质量标准规定，供安装单位遵照执行。锅炉安装应符合 GB 50273—2009《锅炉安装工程施工及验收规范》和 TSG G0001—2012《锅炉安全技术监察规程》的要求。安装工作压力小于或等于 245×10^4 Pa 的锅炉，应按照 GB 50273—2009《锅炉安装工程施工及验收规范》规定施工。安装工作压力大于 245×10^4 Pa 的钢炉，则应按 DL/T 5047—95《电力建设施工及验收技术规范锅炉机组篇》和 DL 5007—92《电力建设施工及验收技术规范火力发电厂焊接篇》的规定施工。

安装单位要根据有关技术文件、规程和标准,先做出施工组织设计,并在技术负责人的主持下熟悉图纸、进行技术交底,使工人、技术人员做到心中有数。

【任务实施】

按给定任务分析 SHL20 – 1.6 – AⅡ型蒸汽锅炉安装的要求与内涵。

1. 分析 GB 50273—2009《锅炉安装工程施工及验收规范》,定位任务的范畴。

2. 分析 TSG G0001—2012《锅炉安全技术监察规程》,定位任务的范围。

【复习自查】

1. 锅炉安装主要基于哪些标准和规范?

2. 工业锅炉安装和电站锅炉安装的规程和标准相同吗?

【项目小结】

本项目主要阐述锅炉安装中需要遵循的基础理论、材料选用和技术标准及规程,如图1 – 5所示。

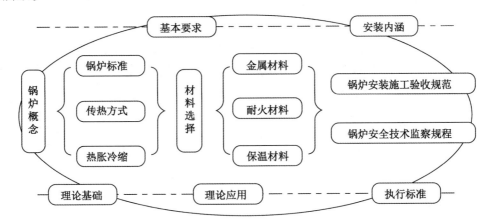

图 1 – 5 锅炉安装基础内容框图

项目二　锅炉安装前的准备

【项目描述】

图2-1(见书后附图)为2×SHL20-1.6-AⅡ型蒸汽锅炉安装布置总图。安装项目涉及锅炉、锅炉附属设备等全部部件。

本项目以给定案例为基础,引导学生主要从四个方面进行学习和操作:其一为安装前技术资料准备;其二为安装前材料机具准备;其三为安装前劳动力组织;其四为安装前现场暂设准备。

本项目旨在培养学生对锅炉设备安装前运筹策划的能力,使其熟悉安装前人、财、物总体规划,能熟练对安装项目技术资料、施工机具和人力进行计划、统筹与安排,同时考量其对施工工艺的熟悉能力、对施工力量的调配能力、对施工现场暂设的设计能力等。

【教学环境】

教学场地为锅炉设备检修实训室;实训场地为锅炉安装模拟场地。学生利用多媒体教室进行理论知识的学习、小组工作计划的制订、实施方案的讨论等;利用检修实训室和模拟场地进行施工前准备工作的模拟训练。

任务一　安装前技术资料准备

【学习目标】

知识目标:

了解安装前技术资料内容;熟悉施工组织设计编制内容。

技能目标:

熟悉安装前技术资料审查内容;准确地设计施工方案条目和内容。

素质目标:

养成积极学习的习惯;树立良好的职业道德观。

【任务描述】

本节的任务包括三方面:第一,按照给定任务,确定安装前技术资料的内容和文本样式并填写;第二,按照给定案例编制施工组织方案的内容和条目;第三,结合相关文件准备锅炉安装备案材料。

【知识导航】

1. 安装前技术资料审查

在锅炉安装前,要对锅炉制造厂的质量证明书、锅炉受压元件强度计算书、锅炉热力计算书、锅炉总图以及建设单位的锅炉房平面布置图等资料进行审查,主要审查内容如下:

(1)审查锅炉总图是哪一年设计的,总图上是否盖有经省级以上技术监督审查并签有

"批准""备案"字样的图章。

（2）审查锅炉房平面布置图是否符合 TSG G0001—2012《锅炉安全技术监察规程》和 GB 50273—2009《锅炉安装工程施工及验收规范》中的规定，如锅炉房的位置是否符合安全、防火、环保、工艺操作等要求。

（3）复查锅炉制造厂的质量证明书，主要复查如下内容：

①各受压元件、焊条、焊丝的材质与机械性能以及化学元素的含量是否符合锅炉用钢的要求标准；

②锅筒制造焊缝和集箱的纵向对接焊缝是否达到100%射线探伤合格的标准，或者达到100%超声波探伤合格另加至少25%射线探伤合格的标准；

③制造焊缝的焊工是否有焊前考试的合格证书，在质量证明书上是否有受压元件焊缝部位示意图及拍片编号；

④受压元件的焊缝返修次数是否有超过两次的；

⑤若集箱上的管接头是合金材料的，则应检查其是否有焊缝示意图，是否标明哪个管接头是合金钢的，以及其焊缝的焊条牌号、元素含量是否符合要求等。

（4）复查锅炉受压元件是否符合受压元件强度计算规定，复查选用的材质是否与质量证明书中标定的材质相符合，还要弄清各受压元件的工作压力和壁温，以供编制施工组织设计用。

2. 施工组织设计的编制

在复查完锅炉制造厂的技术资料及有关技术文件之后，应确定现场的电源、仓库、材料堆放场地及有关设施的位置，然后便开始编制施工组织设计。

施工组织设计应由熟悉锅炉结构和安装工作的工程技术人员或有经验的技术工人编写，编完之后要经安装单位的技术部门审查，待技术负责人签字后，方可付诸实施。

施工组织设计包括如下几个方面的内容：

（1）对锅炉制造厂有关技术资料的复查情况。

（2）做好施工前的准备。

①施工劳动组织安排；

②材料、设备、工器具准备；

③绘出施工现场平面布置图，具体包括仓库的设置，退火炉、磨管、退火、通球等工位的布置，以及临时电源、电焊机的布置；

④对受热面所用材料及焊材进行化学分析和机械性能复验；

⑤焊工做焊前考样，合格者方可上炉施焊；

⑥清点零部件，分类放置，做好标记。

（3）做好基础验收、放线。

（4）制订钢架、锅筒、空气预热器、各集箱的起重、吊装、就位找正方案。

（5）确定焊接工艺：

①水冷壁管的焊接应分情况采用对接口焊接工艺或角焊缝焊接工艺；

②如遇合金钢管，要对管端和管接头打光谱，确认材质后再确定焊接工艺；

③确定锅炉本体管道的焊接工艺；

④确定钢结构的焊接工艺；

⑤焊接工艺内容：

a. 管端除锈打磨的工艺方法及所需工器具；

b. 定好管端在集箱内的伸出长度；

c. 定出对口偏折和错位合格标准及保证措施；

d. 处理好焊条的选择、坡口的开法及尺寸、对接间隙、焊接电流的选用、焊条的烘干及保温、焊缝的高度、焊缝的宽度等工作。

⑥胀接工艺：

a. 对管孔及管端进行检查并除锈；

b. 确定管排整形方法及所需要的工器具；

c. 进行管孔修复；

d. 制定管端退火工艺及保温措施；

e. 确定管端打磨方法及提出磨削量等要求；

f. 试胀，确定胀管率；

g. 按胀接顺序进行胀接，计算出胀管率并做好记录。

⑦水压试验包括单根和总体水压试验。

⑧锅炉单机试运转及 72 h 联合试运行。

⑨砌筑工艺、工器具选用及合格标准。

⑩锅炉辅机安装工艺及合格标准。

⑪烘炉、煮炉、气密试验的方法及注意事项。

⑫升压、安全阀定压、送气。

3. 锅炉安装的备案登记

锅炉安装备案登记是必不可少的工作程序，也是接受技术监督部门的监察，确保锅炉安装质量，保证其安全运行的第一环。

在上述准备工作做完之后，安装单位应携带如下资料，到有关技术监督部门进行备案登记：

（1）锅炉制造厂绘制的锅炉总图、质量证明书、锅炉受压元件强度计算书、锅炉热力计算书。

（2）建设单位的厂区平面布置图、锅炉房平面布置图。

（3）安装单位的施工组织设计和工程承包合同等有关资料。

通过备案登记，使技术监督部门了解、掌握锅炉房布局是否合理、是否危及安全，锅炉制造质量情况及安装单位所采取的安装措施是否合理等，以确保锅炉将来能够安全运行。

【任务实施】

1. 按照给定案例，确定安装前技术资料内容，并填写相关技术资料。

2. 编制给定案例施工组织设计方案目录，并说明需要编写的内容。

3. 绘制锅炉房平面布置图。

4. 绘制施工厂区平面布置图。

【复习自查】

1. 锅炉安装需要审查哪些技术资料？

2. 总结施工组织设计编制内容，概括出其要点。

3. 锅炉安装的备案登记需要哪些技术资料？

4.锅炉安装厂区平面布置图和锅炉房平面布置图有哪些区别?

任务二　安装前材料机具准备

【学习目标】

知识目标:

了解零部件类型;能够对零部件进行分类。

技能目标:

熟悉零部件安装施工工艺;探究施工时采用的材料、设备和工器具。

素质目标:

强化安全意识;主动参与实践活动。

【任务描述】

本节任务包括零部件清点与保管,以及材料、设备、工器具的准备等;按照给定任务对锅炉及锅炉附属设备进行零部件分类和清点;按照设备与零部件类型,依据施工方案确定施工采用的材料、设备和机具,制订锅炉安装材料、设备和机具准备计划。

【知识导航】

1.安装前的零部件清点及质量复验

在平整、宽敞的场地,把锅炉各部分的零部件分类堆放,按零部件明细表进行清点,并分出如下几类:

(1)锅筒及集箱(包括过热器和钢管省煤器的集箱);

(2)对流管、水冷壁管、过热器管、下降管等;

(3)炉排传动装置、炉排片、炉墙板等;

(4)钢柱、横梁及平台;

(5)锅炉的附件、各种阀门、安全阀、排污阀、压力表、水位表等;

(6)其他零部件。

分好类后,对于管子,要将每一排的管子堆放在一起,排与排之间不要弄串;炉排零件要按类别分放在一起,并按图纸和装箱清单进行认真清点,同时做好记录。

在进行数量清点的同时,也要对制造质量进行粗略检查,发现质量严重缺陷时应做好记录,以备做施工组织设计时考虑和向有关技术监督部门报告。

对各零部件的制造质量,在安装之前,还要进行详细复查并按规程进行校正。

2.零部件的管理及堆放

锅炉零部件清点完后,要有专人认真保管,以免丢失、拿串、锈蚀或碰坏。

在零部件的堆放和保管过程中,要注意以下几个问题:

(1)锅筒、集箱的下面要用木方垫好,使之离开地面一定高度;开孔部位涂好黄油后要用油毡纸或草袋包好,以免管孔碰坏和锈蚀。

(2)受热面管子要分类编组,堆放时最好一组一组地用木方垫好,排与排之间也要用木方隔开,木方应垫平,以防管子受压变形,同时要注意管端的防护。

（3）锅炉附件的易损、易丢失的零部件要入库保管，并拴好标记签，注明零部件的名称、图号、编号。

（4）炉排零件分类装箱保管，不得随意堆放；前后轴要用木方整平，以防变形。

（5）耐火砖、保温砖等砌筑材料最好在库内保管；如露天保管，要用苫布盖好，避免雨淋或受潮。

（6）其他零部件也要分类堆放并盖好。

（7）建立领料出库制度，不得随意拿走零部件。

3. 材料、设备、工器具的准备

俗话说"兵马未动，粮草先行"，锅炉安装工程也是如此。在施工前，首先要备好必需的工器具等，如起重设备、吊装设备、电焊设备、校管设备、通球工具、胀管工具、退火设备、磨管设备等。

现场用的材料（包括消耗材料、砌筑材料、管道安装材料、非标设备材料、垫铁等）都要按工期计划，分别提出材料分期计划。在施工前，起码要将第一期工程材料备齐，其他各段工程所需的材料也要如期供到现场，以免停工待料，给国家造成损失。

【任务实施】

按照给定任务，制订 2×SHL20-1.6-AⅡ型蒸汽锅炉安装用设备和机具计划，填写表2-1。

表2-1　施工用设备机具表

序号	设备名称	单位	数量	规格型号	备注

【复习自查】

1. 概括来说，锅炉设备安装施工设备主要包括哪几大类？

2. 施工机具的准备主要依据什么？

3. 锅炉本体安装中焊接设备的计划需要按照什么条件制订？

4. 锅炉安装施工量具应如何匹配？

任务三 安装前劳动力组织

【学习目标】

知识目标：

了解劳动力与施工工艺的关系；了解锅炉安装劳动力的构成。

技能目标：

能够对不同施工工艺所需劳动力进行匹配；善于根据施工工艺的交叉关系调整劳动力。

素质目标：

培养创新意识；塑造精益求精的思维。

【任务描述】

本节的主要任务是对施工工艺所需劳动力进行匹配；主要针对 $2 \times SHL20 - 1.6 - A\,\mathbb{II}$ 型蒸汽锅炉设备安装中劳动力结构组成、劳动力与施工工艺的关系及劳动力的匹配等进行学习。

【知识导航】

工业锅炉安装要由具有锅炉安装工作经验的技术人员及技术工人来承担。起重工、铆工、胀管工、有证焊工在技术等级和数量方面都应配备适当，以便满足施工的需要。技术行政管理人员要做到分工明确、各负其责，努力提高施工的管理水平，确保工程质量，力求提高工效，降低成本，获得较高的经济效益。

【任务实施】

按照给定任务制订 $2 \times SHL20 - 1.6 - A\,\mathbb{II}$ 型蒸汽锅炉安装劳动力计划，填写表 2－2。

表 2－2 劳动力分配表

序号	工种级别	按工程施工阶段投入劳动力情况					备注
		月	月	月	月	月	

【复习自查】

1.锅炉设备安装工艺主要有哪些？

2.锅炉设备安装需配备工种有哪些？

3.劳动力匹配的主要依据是什么？

4.本任务给定项目需要配置哪几种劳动力？

任务四 安装前现场暂设准备

【学习目标】

知识目标：

了解锅炉设备安装施工现场情况；解析施工现场布置情况。

技能目标：

熟练绘制施工现场平面布置图。

素质目标：

养成吃苦耐劳的习惯；积极参与学习活动。

【任务描述】

本节任务包括施工现场平面布置、技术交底和质量检查记录三方面内容。其中，施工现场平面布置是该任务的重点，需要根据施工工艺、施工材料、设备与机具和劳动力情况合理配置；技术交底和质量检查记录主要体现安装前需要准备的技术资料。

【知识导航】

1. 施工现场平面布置

对于施工现场，要根据现场的实际情况，本着既考虑便于安装工序衔接又方便生活的原则，绘制出平面布置图，并按其进行准备。

材料、小件设备库房要设在距现场较近且安装工程领用料比较方便的地方，至于钢架、钢平台、受热面管，则要设在距现场、距设备库均适当、合理的地方，以便于校正钢架和受热面管。

退火炉、管子打磨设备等最好设在钢平台附近，以便于工作联系。

临时电源、电闸箱、配电盘等都要布置合理，并符合安全供电要求。

2. 熟悉图纸，做技术交底

在没有正式开工前，要组织工人、管理人员学习有关技术文件，熟悉图纸，并由工程技术人员向他们做技术交底，交代施工组织设计的意图，讲解各部位的安装工艺，指明安装中哪些项目属于关键项目，哪些项目属于一般项目，其合格标准是什么，如何达到要求的技术标准，等等。上述一切都必须在施工前弄清楚，切不可盲目施工，以免造成不必要的损失。

3. 质量检查记录

认真填写质量检查记录是确保锅炉安装质量的重要环节。施工工人、现场工程技术人员都要一丝不苟地填写，切不可填报假数。

在施工前，现场质量检查人员要将各工种的质量检查记录表格发放给操作工人，并督促、检查他们及时、认真填写。

【任务实施】

按照给定任务，制订 2×SHL20－1.6－AⅡ型蒸汽锅炉安装现场暂设计划，并绘制施工现场平面布置图。

【复习自查】

1. 锅炉设备安装施工现场平面布置图包括哪些内容？

2.锅炉设备平面布置图与现场平面布置图有何关系？

3.锅炉设备安装质量检查记录填写由哪些人负责？

4.锅炉设备安装技术交底的主要依据是什么？

【项目小结】

项目小结框图如图 2 - 2 所示。

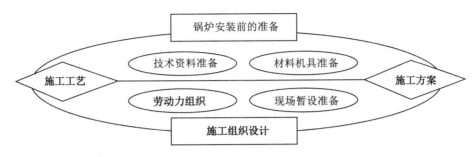

图 2 - 2　项目小结框图

项目三　锅炉本体结构件安装

【项目描述】

锅炉本体结构安装包括锅炉承重结构部分(即锅炉钢架与钢平台)安装、锅炉受热面安装(可以分为本体受热面和辅助受热面两部分,本体受热面包含锅筒与集箱、水冷壁管道、对流管束三方面,辅助受热面包含省煤器、空气预热器、过热器三方面)、燃烧设备安装(主要包含锅炉炉排或燃烧器等)、锅炉附件及仪表安装和锅炉砌筑五大项目。

锅炉承重结构、受热面等安装主要采用焊接工艺,其中受热面也有采用胀接工艺进行安装的;燃烧设备主要采用钳工工艺安装;锅炉附件及仪表主要采用法兰连接、丝接和焊接三种工艺安装;锅炉砌筑主要采用砌筑工艺进行施工。

本项目以 2×SHL20-1.6-AⅡ型蒸汽锅炉(其本体结构图如图 3-1(见书后附图)所示)安装为主线,重点学习焊接工艺在锅炉钢架与钢平台、锅炉受热面及锅炉附件安装中的应用;钳工工艺在燃烧设备安装中的应用及锅炉砌筑工艺。同时,本项目以链条炉排为抓手,旨在使学生了解钳工工艺与工序的全过程;以 20 t/h 蒸汽锅炉炉墙为依据,使学生掌握锅炉砌筑工艺;以锅炉钢结构、锅炉的锅筒与集箱、水冷壁管、省煤器、预热器和过热器为切入点,使学生明晰受热面安装工艺、工序及安装标准,精熟锅炉附件及仪表安装和锅炉水压试验的过程,熟悉锅炉本体安装过程、工序及检验节点与验收标准。

【教学环境】

教学场地是焊接实训室、锅炉设备检修实训室及锅炉机组模型实训室。学生利用多媒体教室进行理论知识的学习、小组工作计划的制订、实施方案的讨论等;利用实训室的设备进行安装工艺的训练。

任务一　锅炉受热面安装方法及要求

【学习目标】

知识目标:

了解锅炉本体结构件的安装及连接方法;熟悉焊接与胀接工艺。

技能目标:

熟悉锅炉受热面安装方法;准确选择工艺措施和调整工艺参数。

素质目标:

养成主动学习的习惯;建立良好的职业操守。

【任务描述】

给定 2×SHL20-1.6-AⅡ型蒸汽锅炉安装任务。该锅炉为双锅筒横置式链条炉排蒸汽锅炉,锅炉容量为 20 t/h,蒸汽压力为 1.25 MPa;本体受热面连接方法有焊接与胀接两种形式,本任务主要采用焊接形式;任务要求为通过理论与实践学习掌握本体受热面连接方式及如何选择施工工艺。

【知识导航】

安装质量直接关系到工业锅炉的安全运行,因此要想保证安装质量,就必须制定合理的安装方法。焊接工艺是锅炉安装的方法之一,确定合理的焊接工艺,首先要弄清楚锅炉制造厂有关零部件的材质;要想选择合适的焊工,须从有证焊工中通过焊前试件的操作考核来确定人选。

3.1.1　锅炉受热面安装方法概述

1.焊接方法概述

(1)对制造厂原始焊接资料复查及对材料复验

锅炉制造厂的质量证明书对受压元件的材质都有明确的记载。在施工前,施工单位必须复查其材料的质量保证书、制造厂的化验单,从元素含量、机械性能等方面衡量其用钢是否符合要求;对可疑的部件,有条件时要进行抽样复验。

对制造厂所用的合金材料零部件,必须在现场打光谱,并做好标记。对只含一种合金钢材质的锅炉部件,通过打光谱,能定性确认是合金钢即可。对于含有两种以上的合金钢材料,光有定性分析是不够的,还要有定量分析,并能区分出是 15CrMo,还是 12CrMoV 等。

对合金钢材料的受压元件,如锅筒、集箱、过热器管端、集箱上的管接头,都要逐个打光谱,并画出草图,示意出每个接头的材质。

(2)焊条、焊丝的复验

安装单位购进的焊条、焊丝,要带有生产厂家的合格证书,并标明焊芯金属的元素含量、机械性能、药皮材料等。

用于锅炉受压元件上的焊条、焊丝,每购进一批,安装单位都要做试样并进行复验。复验结果确与制造厂质量证明书上所标的数据相符,并且符合焊接锅炉受压元件的标准,方可使用。

(3)焊前试样及焊工考核

焊前试样和焊工考核有两个目的:一是了解施工前焊工的技术状况,二是达到焊接工艺试验的目的。

根据锅炉结构,对于需要现场焊接的受压元件,则应按材质分类,并分清是属于同种钢焊接还是异种钢焊接,是属于管材焊接还是板材焊接。

若按焊接种类,受压元件的现场焊接分为对接焊接和角缝焊接;若按焊接位置,则又分为水平固定焊、垂直固定焊和45°三角固定焊。角焊缝位置分为水平位置、仰脸位置等。

按照上述分类方法,可把该台锅炉现场的焊接分成如下几类:

①同种钢焊接;

②异种钢焊接(10 号碳素钢和 15CrMo 合金钢,ϕ38 mm×3 mm 管子水平固定对接焊);

③同种钢焊接(10 号碳素钢管 ϕ51 mm×3 mm 和 10 号碳素钢集箱,插入水平位置角焊接);

④合金钢管对接(15CrMo、ϕ38 mm×3 mm 水平固定焊)。

根据上述四类不同的位置和材质的焊接需要,首先应从有该项位置和材质焊接合格证的焊工中选择符合要求的焊工,人数最好多于所需的焊工人数。

上述四类焊法均应结合现场锅炉安装实际,分别做同位置、同材质、同焊接工艺并利用同种焊机和焊条(焊丝)的焊前试样。

焊前试样做好后,应按焊接检验程序,首先做外观检查,而后再做射线探伤。待射线探伤合格之后,再做机械性能试验。根据上述检验结果,哪一个焊工、哪一个项目合格了,就确定他参加哪一个项目的现场焊接。

焊接试样的检查合格证书应装入锅炉安装技术档案中。

2. 胀接方法概述

工业锅炉的对流管用胀接方法进行安装是比较普遍的。

胀接就是利用金属的塑性变形和弹性变形原理,将管子胀在锅筒或集箱上(集箱端采用胀接的很少,只有集箱直径较大的可以胀接),达到密封、承压的目的。

胀管时,经过适当处理的管端和管孔要进行选配,使其间隙合乎规范。当管子插入管孔时,在管子与管孔之间有一定的间隙。胀管器插入管孔并拧动胀杆,随着胀杆的深入,胀珠就对管壁产生径向胀力。在这种径向胀力的作用下,管子产生塑性变形,管径逐渐增大。在管子外径与管孔完全接触后,胀管器也同时把径向胀力传到管孔壁上,使管孔壁产生弹性变形。当胀管达到要求,在取出胀管器之后,即消除了径向的外加胀力。这时被胀大的管外径由于受塑性变形的作用基本不变,而管孔却力图恢复原状,从而将管子牢牢地箍紧。这就达到了密封、承压的目的。

工业锅炉的胀口不仅要保持严密性,而且要有足够的强度,靠管子外壁与管孔内壁的摩擦力,承受蒸汽的压力和锅筒及锅水的重力。

3.1.2 焊接工艺及方法

工业锅炉的对流管束等受热面管,采用焊接方法进行安装是最常用的方法。

1. 焊前的准备工作

(1)管端及管孔处理

为了满足焊接工艺的需要,焊接法安装受热面管对管孔及管端的处理要求严格。

①管孔需要除油、除污垢、除毛刺,使其露出金属光泽。

②管端在 50 ~ 70 mm 要进行除锈、除油污,使其露出金属光泽。

③管端毛刺要除掉,管端裂纹要锯掉。

④管端有椭圆度的,要用胀管器整形,使其圆整。

⑤管孔及管子都要编好管排号、管号,并做出标记。

⑥用焊接法安装受热面管,管子均须整形,其各种形状偏差均和胀管相同。

(2)管端伸出长度的控制

对流管与锅筒采用焊接结构固定时,由于锅炉使用和焊接工艺的需要,管端伸出长度不允许过长,一般应控制在 6 ~ 9 mm,如图 3 - 2 所示。因为锅筒上管孔排列很密,管端伸出过长,焊工焊接时,焊条运弧的角度不好控制。

2. 焊接工艺

受热面管子与锅筒焊接时,要制定出切实可行的焊接工艺。其焊接工艺的具体内容应视锅炉结构、材质、现场条件的不同而略有差异。一般来说,焊接工艺应包括如下内容:

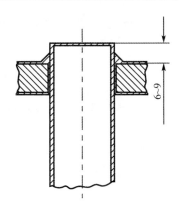

图 3 - 2 焊接管孔管端伸出长度

(1)要弄清焊接件的材质,即锅筒的材料、壁厚,以及对流管、水冷壁管、下降管等需与锅筒焊接的管子的材质、规格、壁厚等。

(2)焊工的确定。要选用具有管与板角接焊合格证并且技术熟练、一直从事焊接工作的焊工施焊,有条件的工地,最好在工艺制定完之后,按该工艺分别选几名有证的焊工焊几个模拟试样,以考核工艺的可行性及焊工的临场技术发挥情况,考核合格的焊工方可上炉施焊。

(3)焊条的选择及烘干、保温要求。要弄清焊条的材质、规格、型号及制造厂家等,焊条应有制造厂的质量证明书及复验证明书;此外,还要制定焊条的烘干工艺、烘干温度、烘干时间、保温措施等。

(4)确定管端、管孔的处理要求、方法,以及管端伸出长度要求。

(5)确定焊缝的外观成形要求,如焊角高度、焊角宽度、表面形状及光洁度,以及对裂纹、咬边、表面夹渣、弧坑等的技术要求及其合格标准。

(6)对焊接层次、各焊层的起弧点与收弧点的交错规定,以及每层所选用的焊条规格、型号、直径等均须提出明确的技术要求。

(7)选定电焊机及使用电流大小。

(8)确定各管孔的焊接次序,是用交错法焊,还是用反阶式焊等。

(9)确定焊接过程中的锅筒防变形措施及监测方法和所用的工器具等。

(10)对于锅筒内的排烟、通风、照明措施,要本着保证人身安全的原则制定。

(11)制定防止从管孔往里面掉焊条头等杂物的保证措施。

(12)如遇有需要消除烟气间隙的要求时,还要制定消除烟气间隙的措施。

下面以 SHL20 - 25/400 - AⅡ型锅炉为例,具体说明焊接工艺的制定。

(1)概况

锅炉型号:SHL20 - 25/400 - AⅡ型。

锅筒情况:

上锅筒:材料为 20g 钢,壁厚为 20 mm。

下锅筒:材料为 20g 钢,壁厚为 18 mm。

受热面管情况:

对流管束:材料为 20 号无缝管,规格为 $\phi60$ mm × 3.5 mm。

水冷壁管:材料为 20 号无缝管,规格为 $\phi 60\ mm \times 3.5\ mm$。

过热器管子与焊在锅筒上的管接头对接。

(2)焊工选择及模拟试验

①焊工选择

选择具有焊接相应材质、相应位置的有证焊工负责现场施焊。

②模拟试验

按制定好的焊接工艺,在现场由已选好的有证焊工做模拟试验,焊后应对焊缝进行外观检查,然后选择焊件检查合格程度比较好的焊工参加该项焊接。

(3)焊接

①焊条的选择

由于该项焊接属于同材质的 20 号低碳钢焊接,故选用结 422 电焊条,规格为 $\phi 4\ mm$ 和 $\phi 3.2\ mm$。

②电焊机的选择

选用立式交流弧焊机或逆变焊机。

③焊接电流

焊接电流的选取见表 3-1。

表 3-1　受热面与锅筒角接焊电流选择表

焊条/mm	$\phi 3.2$	$\phi 4$	备注
焊接电流/A	80~110	90~110	焊工可在范围内自己选用

④管端在锅筒内的伸出长度

管端在锅筒内的伸出长度控制在 6~9 mm。

⑤焊条的烘干及保温

电焊条(酸性焊条)在使用前必须在 150~200 ℃的条件下烘干 1~1.5 h,取出后放在焊条保温筒内,使用时,用一根从保温筒内取出一根,不可一次拿出多根,以免药皮吸潮。

⑥焊缝的几何尺寸

焊缝高度为 5 mm,宽度为 6~8 mm。

⑦管孔及管端处理

管孔内壁及锅筒内壁的管孔周围 10 mm 范围内,应进行除油、除污垢、除锈处理,并使之露出金属光泽。

管端不得有裂纹、压扁及明显的椭圆度,对管端 70~100 mm 应做好除油污、除锈处理,待露出金属光泽后方可焊接。

⑧分层焊接

第一层用 $\phi 3.2\ mm$ 焊条,第二层用 $\phi 4\ mm$ 焊条,各层焊缝的起弧及收弧点要错开,不得重叠,第一层焊缝药皮清理干净后方可焊第二层,焊完后及时清除药皮。

⑨防止锅筒受热集中产生变形

为了防止锅筒受热集中产生变形,应采用从两端向中间焊的办法,上、下锅筒焊口同时焊接,具体施焊时,应采用反阶式花焊法,不允许一根挨一根地从头焊到尾。

（4）焊接防护及监测

为了确保焊工的人身安全和焊接质量，必须做好焊接的防护及监测工作。

①安装时，锅筒内应通风良好，应将人孔打开，并在人孔处临时设一轴流风机，以便及时把烟尘排出。

②锅筒内照明应采用安全行灯，电压不得超过 36 V，不允许直接用照明电；行灯导线要仔细检查，不得有漏电处。

③焊接时，每个锅筒外面必须有人监护，一是监护操作者的安全，二是便于焊工与锅筒外变形监测人员进行联系。

④对于暂时不焊的管口，要用胶板或麻袋盖好，以防焊条头等杂物落入管子里。

（5）焊缝的质量检查标准

①焊缝外表面应做到焊波均匀、光滑，不得有气孔、夹渣、裂纹、弧坑等缺陷。

②焊缝的几何尺寸必须符合工艺中的规定。

③焊缝质量应符合规程的规定。

3. 锅筒变形的控制及监测

锅筒与受热面管焊接时，由于焊接热应力的作用，会使锅筒变形，从而使锅筒竖向产生挠度，也可能使锅筒产生扭曲。这种变形会使管端中心线与管孔中心线产生一个角度，以致影响穿管，严重时会导致管子穿不进管孔。

为了防止锅筒焊接时变形，必须采取预防措施和可靠的监测手段。

防止锅筒变形的主要措施就是使锅筒焊接时受热不要集中，做到分散受热，具体措施是从两头向中间焊，采取反阶式花焊法，这端焊一个，那端焊一个，这排焊一个，相邻管排再焊一个，待焊完的焊缝热影响区基本冷却下来之后，再在其附近焊另外的管头，以此类推。

防变形的监测应为每个锅筒准备四块百分表、四个磁力百分表座，把磁力百分表座固定在钢架或临时做的支架上（该支架在锅筒变形时，应该保持不变形），将百分表装在表座上之后，应使触点分别对准锅筒两侧水平线的端点（即找正时用的四个监测点）。上、下锅筒都调整好后，开始焊接，并在焊的同时分别监测这八块百分表，通过仪表，我们可以发现锅筒变形向哪个方向扭，然后就在其对角线位置焊几个管口，将扭曲变形拉回来，如此循环往复，直至焊完为止。

焊完之后，各百分表的触点仍指在原来的四个监测点上（从百分表指针读数上监测位移），不应有较大的移动。

焊接时，在现场应由有经验的同志担任指挥，以便根据百分表测定出来的变形量及变形方向来确定下一步的焊接位置，以调整锅筒的变形。

3.1.3　胀接工艺及方法

1. 胀接前的准备工作

（1）管端退火

①管端退火的目的及原理

管端退火的目的是提高管端的塑性，防止胀接时管端产生裂纹。

管端退火的原理是低碳钢加热到相变温度以下，保温、缓慢冷却，使比较硬的马氏体组织以珠光体的形式存在于金属内，其物理性质表现为硬度降低、塑性增强。所以，管端退火一定要控制在 650 ℃以下，冷却速度一定要慢，保温效果要好，管端缓冷阶段不能受潮，要将两端密封好。

②管端退火工艺

把锅炉受热面管需要胀接的管端加热至 600～650 ℃（绝不允许加热到 700 ℃ 以上，因为加热到 700 ℃ 以上时，金属将要发生相变），管端加热长度为 150～200 mm，加热时间不少于10 min，待退火时间一到，立即取出插入干燥的石灰或石棉灰内，缓慢冷却至常温。管子在退火时，另一端要用木塞塞紧，防止管内有冷空气进入。根据经验，保温冷却用的石灰或石棉灰必须炒干后再用，如第一天退火没进行完，第二天再用时，还须再炒一遍，以免吸潮，保温冷却时管子插入石灰内的深度最好在 800 mm 左右。

退火时，管子的加热方法主要有两种：一种是铅熔炉加热法；另一种是地炉内直接加热退火。铅熔炉加热法就是用钢板焊制一个长方形熔铅槽，槽深在 400 m 左右，其长度和宽度视每次需要放入加热的管子数量来确定，但也不要做得太大，免得用铅量增多；将铅放在事先准备好的焦炭炉或煤炉上，里面放置足够量的铅，加热时用热电偶控制温度，如没有热电偶，可把铝丝放入铅液里，当铝丝熔化时，铅液温度就达到 650 ℃ 左右，退火时，一定要看好温度，不能疏忽；当铅液温度达到 600～650 ℃ 时，将清理干净的管插入铅液加热，加热长度和时间如前所述；加热时铅液表面覆盖一层厚 10～20 mm 的煤灰或石棉灰，既可以保温又可以防止铅液氧化飞溅；退火时切勿使水滴入铅熔槽，以防铅液飞溅伤人。

在地炉内直接加热退火时，要采用含硫、磷较少的焦炭或木炭，切不可用焊炉直接加热退火，以防产生其他不良后果。

经过退火的管端要做硬度试验，布氏硬度 HB < 170 者为合格，HB > 170 时不能胀接，需要采取措施，处理合格后方能进行安装。

（2）管孔、管端的清理及管端打磨

①管端的清理及打磨

管端胀接表面存在的锈蚀点、氧化皮、纵向沟纹及退火时沾上的铅点等缺陷，均影响胀接质量，因此在胀接前，要对管端进行打磨。管端的打磨常用机械打磨法，靠专用的磨管机对管端进行打磨处理。磨管机由用型钢焊制的支架、磨盘、电动机和皮带传动机构组成。

图 3-3 为磨管机示意图。磨盘由砂轮块、配重块（也称重块）、弹簧等组成。磨盘上装有三块砂轮块，当磨盘转动时，在离心力的作用下，配重块向外运动，使砂轮块与管子接触，起到打磨的作用。当磨盘停止转动时，离心力消失，砂轮块在弹簧的拉力作用下脱离管子。这种简易的磨管机使用效果很好，但是，磨盘外面必须加防护罩，以防砂轮块飞出伤人；打磨时，用机械方法将管子夹紧或用手把住管子，靠砂轮块的旋转来工作。

手工打磨就是将管子固定在管压力或专用工具上，用锉刀把管端打磨光滑，消除缺陷后，再用砂布沿圆弧方向精磨。这种方法由于是手工操作，掌握得不那么准确，有时管端柱面不圆滑，易出沟纹，效率也低，所以很少采用。管端打磨时，要控制好磨削量，打下去的金属层越薄越好，一般磨下去的厚度不超过 0.1 mm。管端打磨长度不得少于 100 mm，一般控制在 100～150 mm。

管端内壁必须用钢丝刷和刮刀将锈层及退火时沾的铅点清理掉，以免在胀管时造成测量误差，影响胀管率的计算准确性。

②管孔的清理、检查及修整

锅筒管孔的检查是必要的。安装前，对锅筒的管孔必须逐个进行清理和测量，并做好记录。

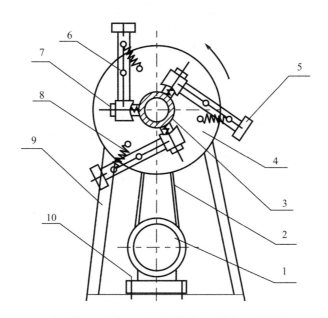

1—电动机;2—皮带;3—被磨的管子;4—圆盘;5—配重块;
6—短轴;7—砂轮块;8—弹簧;9—支架;10—固定螺栓。

图 3-3　磨管机示意图

a. 除油、除锈。用棉纱布将防锈油及管孔上的污垢去掉,再用细砂纸沿圆周方向将锈层磨净,使管孔露出金属光泽。

b. 测量管孔直径、椭圆度及不柱度。用内径千分尺或精度为 0.02 mm 的游标卡尺,沿锅筒外壁方向测量管孔的直径及椭圆度。测量方法:沿管孔直径的十字线方向,分别测出直径的两个数据。要求:逐个管孔测量,并按排号、管孔号记录在展开图上。测得的两个方向上的直径差即为椭圆度。

有的管孔由于加工原因呈锥形孔,这就需要测量管孔的不柱度。用上述量具在锅筒内壁方向测出管孔直径再与沿外壁方向测得的数据相比较,如果数据一致,说明该孔是圆形孔;如果不一致,说明该孔是锥形孔。其锥度大小可由沿外壁方向测得的直径与沿内壁方向测得的直径之差除以壁厚计算出来。

记录时,锅筒上的管孔编号应与展开图上的编号一致。

c. 检查管孔宏观质量主要是检查管孔是否有纵向沟纹。纵向沟纹是不允许存在的。

环形或螺旋形沟纹深度不应大于 0.5 mm,宽度不应大于 1 mm,沟纹至管孔边缘距离不应小于 4 mm。管孔表面不得有凹痕及边缘毛刺。检查中如果发现有上述缺陷,应在展开图上和安装记录中做出详细记载。

管孔清理完之后,对有问题的管孔,要提出可行的管孔修复方案。修复方案的原则:修复后管孔直径不超差,不出现椭圆度和不柱度。如果修复后保证不了上述要求,应由建设单位请锅炉制造厂来解决,安装单位不得盲目处理。

经过清理和打磨的管端外径应符合表 3-2 的规定。

表 3 - 2　胀管管端外径偏差表

公称直径/mm	38	51	60	76	83	102	108
管端外径/mm	38 ± 0.4	51 ± 0.4	60 ± 0.5	76 ± 0.6	83 ± 0.7	102 ± 0.8	108 ± 0.9

（3）管子与管孔的选配

由于管孔内径、管端外径都是在公差范围内波动，因此在公差范围内，管孔内径有大有小，管端外径也有大有小。为了保证胀接质量，使胀管间隙符合胀接要求，管孔内径偏大一些的，就得配上一根外径大一些的管，反之亦然。这样，就要对管孔与管子进行选配。

选配时，用游标卡尺对管子外径、内径和管孔内径分别沿互相垂直的两个方向测量，取其平均值，分别作为管子外径、内径和管孔内径，并按该尺寸进行选配。选配时，管端外径与管孔内径的间隙应符合表 3 - 3、表 3 - 4 的规定。

（4）通过试胀选择适合的胀管率

表 3 - 3　管孔的直径、椭圆度、不柱度偏差表

管端外径 /mm	管孔直径 /mm	直径偏差	椭圆度偏差	不柱度偏差
		不得超过/mm		
32	32.3			
38	38.3	0.34	0.27	0.27
42	42.3			
51	51.5			
57	57.5			
60	60.5	0.40	0.30	0.30
63.5	64			
70	70.5			
76	76.5			
83	83.6			
89	89.6	0.46	0.37	0.37
102	102.7			
108	108.8			

注：根据火管锅炉等穿管的需要，管孔直径允许加大 0.2 mm。

表 3 - 4　胀接管端与管孔的间隙

公称直径/mm	38	51	60	76	83	102	108
间隙值不得超过/mm	1.0	1.2	1.2	1.5	1.8	2.0	2.0

上述的准备工作完成之后，应进行试胀，以提高胀接质量。

①试胀的目的

a. 检查胀管器的质量，看其是否好用，珠子转动是否灵活等。

b. 检查管端退火效果及胀接严密性，看翻边后管口是否出现裂纹等缺陷。

c.通过试胀,确定出确保严密性的较小胀管率。

②胀管器的选取

胀管器是胀管的主要工具,胀管器的优劣直接影响胀接质量。胀管器有两种:一种是固定胀管器;另一种是翻边胀管器。

固定胀管器是挂管后初胀(固定胀)阶段用的,其结构如图3-4所示。这种胀管器由沿胀管器外壳圆周方向、间隔120°的三个镶嵌在胀珠槽中的胀珠及中间的胀杆等组成。由于胀珠的锥度是胀杆锥度的一半,在胀管过程中,胀珠与管子内圆接触线总是平行于管子的轴线,因此固定胀管器只能使管壁和管孔沿直径方向扩大而不会产生锥度。

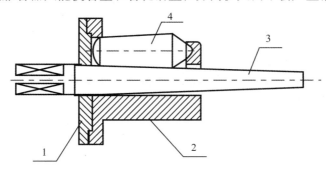

1—压盖;2—胀管器外壳;3—胀杆;4—胀珠。

图3-4 固定胀管器

图3-5为翻边胀管器。翻边胀管器是复胀阶段用的。它的作用有两个:一是使管壁及管孔继续沿径向扩大,直至达到胀管率为止;二是使胀管口翻边,增加管端的拉脱力。

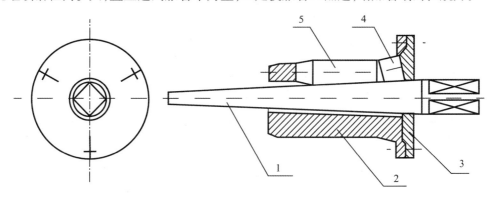

1—胀杆;2—外壳;3—压盖;4—翻边胀珠;5—胀珠。

图3-5 翻边胀管器

胀管器一般由锅炉制造厂随设备一起供应,所以在使用之前要检查一下胀管器,看胀杆和胀珠弯不弯,活动是否灵活,胀杆锥度与胀珠锥度是否相配。检查方法:用游标卡尺测量胀管器三个胀珠所构成圆的直径是否上、下端相等,胀珠在巢孔中,间隙不能过大;胀珠不得从巢孔中向外掉,应保证当胀杆下到最大限度时,胀珠能自由活动等。

③胀管率的确定

a.胀管率就是管壁的相对残余变形,可按下式计算:

$$H = \left[(d_1 - d_2 - \delta)/d_3 \right] \times 100\%$$

式中 H——胀管率;

　　　d_1——管子胀完后的内径,mm;

　　　d_2——未胀时管子的内径,mm;

　　　d_3——未胀时管孔的直径,mm;

　　　δ——未胀时管孔直径与管外径之差,mm。

　　胀管率应控制在1%～1.9%。

　　b.试胀的方法:应采用由锅炉制造厂带来的与锅筒同材质、同炉批号、同一工艺加工的试胀板和与锅炉管同材质、同规格、同炉批号的试胀管进行试胀。试胀管应在安装现场同锅炉管一起进行管端清理、退火和打磨,而后进行试胀。试胀使用的胀管器应是安装现场将要使用的胀管器。操作者应是该台锅炉胀接的主操作者。

　　在上述各种准备就绪之后,才能开始试胀。试胀时,可在规定胀管率(1%～1.9%)范围内,选用大小不同的几种胀管率,分别做好记录。

　　试胀完成后,四周封闭,做水压试验,看哪种胀管率比较小且水压试验效果比较好。同时,还要做切面试验,将该管孔切开,看管子与管孔的结合情况,从中选定比较理想的胀管率。最后,以此胀管率作为正式胀接的胀管率,以其试胀的工艺作为正式胀接的工艺。

　　2.胀管

　　(1)胀接的质量要求及合格标准

　　①胀管率应控制在1.0%～1.9%,不得过胀。

　　②管端在锅筒或集箱内的伸出长度应控制在6～12 mm,应为翻边后的伸出长度,如图3－6所示。穿管期间管端的伸出长度可参照表3－5的数据。

表3－5　挂管时管端伸出锅筒、集箱内壁长度

管子公称外径/mm		38	51	60	76	83	102	108
管端伸出长度/mm	正常	9	11	11	12	12	15	15
	最小	7	7	7	8	9	9	10
	最大	13	14	14	15	16	16	16

　　③管口翻边应与管子中心线成12°～15°角,并且从伸入管内1～2 mm处开始倾斜,如图3－7所示。

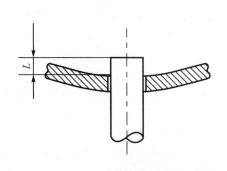

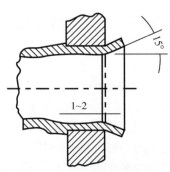

图3－6　管端伸出长度　　　　　图3－7　胀接后的管端

④胀口不得有偏挤现象。

⑤翻边喇叭口的边缘不得有裂纹。如个别管口发现裂纹,可用锯割掉(切不可用乙炔火焰切割),但切割后的管端伸出长度不得小于 5 mm。

⑥胀口应平滑,不许有切口和沟。

⑦胀口要严密,水压试验不应有渗漏,但允许存在泪痕。

(2)固定胀管(挂管)

①试穿确定管子的长度及管端伸出长度的控制

准备工作就绪后,开始穿管。穿管时,上、下锅筒要各有专门负责胀管的师傅观察管端伸出长度,锅筒外边应有专人负责找正。穿管时,先选同类管中最短的几根,配入事先选好的相应管孔,看其是否合适。观察时要兼顾上、下锅筒内的伸出长度,不要一端长、另一端短。经过一番比量之后开始挂管。

②胀接

挂管时要在逐根试穿之后,确定其长度,而后再锯掉。切不可将最短几根的穿管长度确定了就以其作为样板,将这一排的管端多余部分通通锯掉。因为锅筒安装有误差,管子曲率不一致,不可能在各位置上的管长都一样,所以挂管时,一定要逐根比量,分别锯掉多余部分,否则会造成管子的成批报废。

挂管时,管端伸出长度可参照表 3 - 5 控制。各种规格的管排,应在每种规格管排的前后各挂上两根,并以此为基准,拉上线,再挂其余管子。挂管时,除了考虑管端在锅筒、集箱内的伸出长度外,还要看同一管排是否在一条直线上(其左右偏差不得超过 5 mm),管间距是否符合要求,等等。在隔火墙两边的管排,更要注意其几何尺寸的排列,否则会影响砌筑。

管子按选配时的编号,对号入座到管孔中,并经比量合适后,用专门的卡具固定,开始胀管,由锅筒中心线向两侧依次胀完。胀接时,最好上、下锅筒各配一名胀管工,两端同时胀接。固定胀阶段,胀到管子与管孔的间隙消失后,再继续胀零点几毫米,具体胀多少,根据试胀的结果确定,一般再胀 0.2 ~ 0.3 mm 即可。

(3)翻边胀管

管子固定胀完之后,为了防止管子与管孔间隙生锈,要尽快复胀(翻边胀管)。翻边胀管是保证胀管质量最关键的一道工序,必须认真胀好。翻边胀阶段由于要加大管子胀量,因此易产生锅筒、集箱的微量位移,或使邻近的胀口松弛。为此,应采用反阶式胀管顺序,如图 3 - 8 所示。

3. 用胀、焊结合法消除烟气间隙

工业锅炉的锅筒大部分都布置在高温区域内,在管子与锅筒焊接的结构中,存在一环圆间隙(烟气间隙),如图 3 - 9(a)所示。

在锅炉运行中,烟气间隙处经常受到烟气和水汽的腐蚀,该处管壁腐蚀较为严重,因而是受热面管的薄弱环节,所以烟气间隙的存在是有害处的。为了消除烟气间隙,常用先胀后焊的方法,先使管子贴在锅筒管孔壁上,然后再焊接密封。胀的时候可翻边,也可不翻边,如图 3 - 9(b)所示。

3.1.4 焊接安装质量要求

在工业锅炉的制造及安装中,焊接工作量占整个工作量的 40% ~ 50%。从近年来所发生的锅炉事故中可以看出,在焊缝处发生问题的不在少数。所以,细致地检查出焊缝的缺陷,查明其产生的原因,设法减少焊缝缺陷,提高焊缝质量,对确保锅炉安全运行有重要意义。

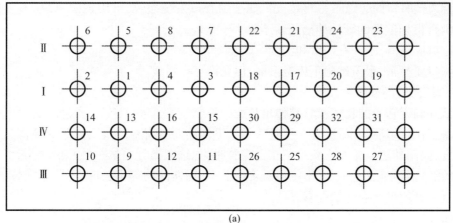

(a)

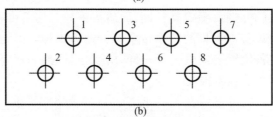

(b)

图3-8　反接式胀管顺序

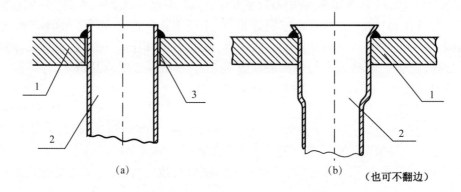

1—锅筒;2—受热面管;3—烟气间隙。

图3-9　锅炉受热面与锅筒焊接的烟气间隙及先胀后焊示意图

下面重点介绍常见的焊缝外观缺陷及其产生原因。

1. 不符合设计要求的焊缝几何尺寸

焊缝的几何尺寸主要是指焊缝的宽度、焊缝的高度、焊缝的成形是否高度均匀、焊波是否均匀并呈鱼鳞状等。现实中经常发生的缺陷是焊缝高度、宽度不符合要求,或者焊缝高低不平。

造成焊缝外形尺寸不符合要求的主要原因如下:

(1)坡口角度加工得不符合设计尺寸,从而影响到焊缝的宽窄尺寸。

(2)焊件在对接时,对接间隙不均匀,间隙不是过大,就是过小,因而直接影响到焊缝的宽度。

（3）焊接电流过大或者过小。

（4）电弧的长度控制得不准确，不是偏大，就是偏小。

（5）焊接的速度太快或太慢，运条不均匀。

（6）对于埋弧自动焊，焊接参数选择得不合适。

2. 弧坑下凹

在焊缝的尾部收弧处或在焊缝的接头处出现低于母材的凹坑称为"弧坑下凹"，也称"弧坑"。弧坑的产生常使强度降低，同时也容易产生气孔、夹渣或裂纹等缺陷。

弧坑产生的原因如下：

（1）焊接熄弧时，焊条在熔池处停留时间短。

（2）焊接薄板时，使用电流过大。

3. 咬边

咬边是指金属母材和焊缝金属交接处产生凹下沟槽。咬边的产生会减小金属母材的截面积，并在该处形成较大的应力集中。所以 TSG G0001—2012《锅炉安全技术监察规程》对咬边的深度和长度都做了明确的规定。

咬边产生的原因如下：

（1）焊接电流过大。

（2）焊工操作时，运条不当。

（3）焊接时，焊条的使用角度不合理。

（4）焊接时，电弧长度控制过大。

4. 焊瘤

焊瘤是指在焊缝边缘有未与金属母材熔合在一起的焊缝金属堆积物。焊瘤的存在直接影响焊缝的机械性能。

焊瘤产生的原因如下：

（1）焊工技术不熟练，运条不当。

（2）立焊时，电流过大或电弧过长。

5. 气孔

气孔是指焊接时焊缝金属吸入了过多的气体，而冷却时因气体的溶解度下降，使气体逸出表面形成的气孔。

气孔产生的原因如下：

（1）焊条未烘干或烘干效果不好，或者焊条虽已烘干，但取出后未进行保温，从而使焊条重新吸潮。

（2）焊条药皮变质或焊芯有锈。

（3）焊丝未除锈或焊剂未烘干或者烘干效果不好。

（4）焊件坡口处及其周围的锈迹、油垢、水点等杂质没有清理干净。

（5）焊接电流过大，焊条烧红，使药皮脱落因而产生气孔。

6. 飞溅

飞溅是指焊缝金属飞溅到金属母材周围，形成金属斑点。

飞溅产生的原因如下：

（1）焊条存放时间过长，药皮开裂或脱落，焊条芯锈蚀。

（2）焊条受潮。

（3）焊接电流过大。

（4）碱性焊条使用直流正接。

飞溅产生后，要用钢丝刷或电焊锤将其清理干净。

7. 裂纹

裂纹可分为热裂纹和冷裂纹。热裂纹是指焊缝金属从结晶开始，直到相变之前所产生的裂纹。冷裂纹是指在相变温度以下的冷却过程中和冷却以后产生的裂纹。

裂纹产生的原因如下：

（1）钢材在固相附近有一个高温脆性区，在焊缝金属凝固过程中，杂质富集的低熔点液相被挤到晶界上，形成液态间层，在结晶过程中，由于收缩使焊缝受拉，这时焊缝中的液态间层便形成薄弱的拉伸地带，当拉伸变形超过液态间层的变形能力而又得不到新的金属液的补充时，便产生裂纹。

（2）母材及焊材中含碳量较高，含硫、铜等元素较多。

（3）焊接工艺不合理。

（4）焊材选择不当。

（5）焊件刚性大，或者对接时有强力组对的机械应力存在。

（6）坡口的形式不合理。

产生裂纹之后，一定要及时处理，直到焊缝达到合格标准为止。

【任务实施】

按照给定的 $2 \times$ SHL20 – 1.6 – AⅡ型蒸汽锅炉的安装任务，确定不同结构件的焊接方法和相关参数、材料选择，填写表 3 – 6。

表 3 – 6　锅炉结构件焊接方法统计表

序号	结构件名称	焊接方法	焊接电流	焊接材料

【复习自查】

1. 锅炉焊接工艺有哪几种？

2. 为什么焊接材料要与被焊接母材相匹配？

3. 焊缝的外观缺陷有几种，如何甄别？

4. 胀接工艺的前提条件是什么？

任务二　锅炉钢结构及平台安装

【学习目标】

知识目标:

了解钢结构与钢平台性质;熟悉钢结构与钢平台施工工序。

技能目标:

了解钢结构与钢平台焊接工艺;流畅地操作钢结构与钢平台施工机具。

素质目标:

建立良好的职业操守;自觉参与学习活动。

【任务描述】

给定 $2 \times SHL20 - 1.6 - A\,II$ 型蒸汽锅炉钢结构与平台安装任务;该任务包括锅炉钢结构与平台两种安装模式;钢结构是锅炉的骨架,主要承受锅炉受热面、炉墙等的荷载,本任务荷载来自锅筒、受热面及炉墙;钢结构与平台材质为普通碳素钢。

【知识导航】

1. 基础验收

工业锅炉在安装之前,应对基础进行全面验收,合格后方可进行安装工作。基础验收分为以下四个部分:

(1)外观检查验收;

(2)相对位置及标高验收;

(3)基础本身几何尺寸及预埋件的验收;

(4)基础抗压强度的检验。

基础外观验收就是检查是否存在蜂窝、孔洞、麻面、漏筋、裂纹等缺陷,检查混凝土柱是否偏斜。

相对位置及标高和几何尺寸的验收,应在放线之后进行。

放线之前,应先复测土建时确定的锅炉基础中心线。这条线如果与锅炉基础中心线、同锅炉房其他相关设备基础的相互位置确实相符,便可确认它为锅炉纵向基准线;如果有出入,则应进行调整,然后确定锅炉纵向基准线。

用红铅油把已确定的基础纵向基准线从炉前到炉后画在基础上。理想的基准线应该是:基础纵向基准线、锅炉纵向基准线和锅炉房基础与锅炉房相对位置基准线三线重合,这是很难做到的,事实上,往往都要做些调整,但偏差应控制在 $\pm 20\ mm$ 以内。

纵向基准线画好后,要在炉墙前边缘画出一条与基础纵向基准线相垂直的直线,作为横向基准线。

仅有这两条基准线是不够的,还需要找出基础标高线,通常是以土建施工时规定的标高作为基础的基准标高线。有了这三条线作为依据,人们就能把下列线条画在基础上。

(1)锅炉基础预埋板的轮廓线、钢柱位置线;

(2)轴助设备(如减速器、风机、风烟道等)的安装位置线;

(3)基础标高线。

线放好之后,还要按照锅炉基础图和锅炉房平面布置图仔细核对,主要是核对如下尺寸:

(1)主中心线的偏差,允许2.5 mm;

(2)基础大小与设计尺寸的偏差只允许±15 mm;

(3)运转层标高差不得大于20 mm;

(4)炉墙不得超出基础的界限;

(5)所有螺栓预留孔、预埋地脚等均应符合设计要求,并用油漆把各基准线画在墙上或柱子上(偏差不得超过1 mm)。

相互位置、标高及基础几何尺寸经过外观检查后,确能满足要求,则要填写"锅炉基础检查验收合格证书"。要把检查的内容和尺寸填写清楚,待建设单位、土建施工单位、安装单位三方签字后,方能移交安装。

至于基础抗压强度检验报告单,则应由土建单位填好,确认合格后,方能订入基础验收记录中,一并存档。

下面以P35/39P型锅炉(其基础画线、测量记录图如图3-10所示)为例,具体介绍在基础上画线的方法与步骤。

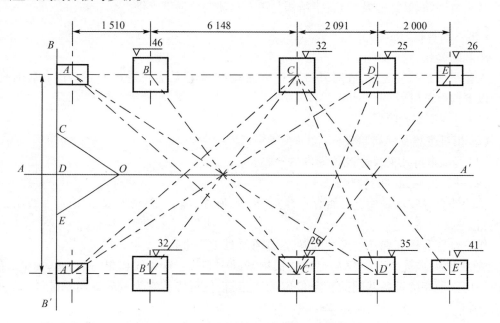

图3-10 P35/39P型锅炉基础画线、测量记录图

锅炉基础验收检查的内容及技术要求见表3-7。

表3-7 锅炉基础验收检查的内容及技术要求

检查内容	偏差/mm	检查内容		偏差/mm
基础坐标位置(纵横轴线)	±20	预埋地脚螺栓中心距		±20
基础各不同平面标高	-20~0	预留地脚螺栓孔	中心位置	±20
基础上表面外形尺寸	±20		深度	0~20
凸台上,平面外形尺寸	-20		孔壁垂直度	10

表 3 - 7(续)

检查内容	偏差/mm		检查内容	偏差/mm
凹穴尺寸	+20		标高	-20～0
基础上平面的不水平度	每米5,全长10		中心位置	±5
竖向偏差	每米5,全长20	预埋锚板	不水平度(带槽的锚板)	5
预埋地脚螺栓	顶端0～20		不水平度(带螺孔的锚板)	2

(1)首先复测土建施工时确定的锅炉基础中心线 AA',如果该线与锅炉的相对位置,即锅炉主体与附属设备(如鼓、引风机,除尘器,以及炉排传动设备等)的相互位置符合设计图纸,就应确定该线为锅炉的纵向基准线。

(2)在炉墙外边缘画出一条与线段 AA 垂直的线段 BB 作为锅炉横向基准线。

(3)验证纵向中心线 AA' 与横向中心线 BB' 是否垂直的方法是利用等腰三角形法,即在线段 AA' 上任取一点 O,再在线段 BB' 上,以 AA' 与 BB' 两线段的交点 D 为中心,分别截取线段 CD 和 DE,使 $CD = DE$,然后连接 CO 与 EO,并分别测量 CO 与 EO 的距离,如果 $CO = EO$,则说明纵向基准线 AA' 与横向基准线 BB' 垂直。如果线段 $CO \neq EO$,则要进行调整,直至 $CO = EO$ 为止。

(4)以纵向基准线 AA' 和横向基准线 BB' 为基准,分别画出其他辅助中心线和钢柱中心线,再用拉对角线的方法验证其画线位置是否准确,如果 $AC = A'C,BC = B'C,AD = A'D,CD = C'D,CE = C'E$,则说明画线位置正确;如有的不相等,则要适当调整画线。

(5)分别画出钢柱在基础预埋板上、钢柱在基础上的轮廓线标记的轮廓线,并将其中心线延长到基础方框以外,用铅油在上面做出标记,靠近基础边缘的,可将标记画在基础侧面,如图 3 - 11 所示。

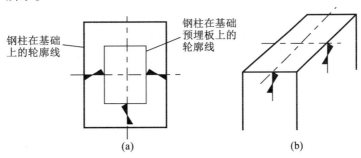

图 3 - 11　钢柱的轮廓线及其标记

(6)复测土建施工的标高,如该标高经复核确认无误时,则取距运转层 1. 5 m 的高度,用铅油标在柱子上,作为将来调整标高的基准。

(7)以复核无误的标高为基准,分别测出各基础(或锚板)的标高,并在基础和安装记录上做出标记。

2. 钢架及钢平台的地面检查与校正

锅炉钢架是整个锅炉的骨架,就像人的骨骼一样,它不仅承受几乎锅炉的全部质量,同时还决定锅炉的外形尺寸。钢架安装正确与否,直接影响到受热面的安装及炉的砌筑。由此可见,锅炉钢架的安装很重要。

锅炉钢架都是单件出厂,并经过长途运输和装卸,再加上现场保管不善,往往易造成不同程度的变形和损坏,而钢架和平台在锅炉结构中又很重要,所以在安装前,要在地面上对钢架和平台进行检查与校正。若直接吊装就位,在空中校正就不如在地面校正方便,更何况空中校正的可能性也很小。

对于钢架及平台等钢构件,在安装前,应主要检查几何尺寸、长度、弯曲度、托架位置、扭曲等。其变形的允许误差按表3-8的规定执行。

表3-8 锅炉钢结构安装前的变形允许误差表

项次	项目	允许误差/mm
1	立柱、横梁、连接梁长度	±5
2	立柱、横梁、连接梁弯曲度	每米1,全长15
3	平台的不平度	每米2,全长10
4	平台的长度	每米2,全长±10
5	扶梯长度	±5
6	墙板、护板、框架的不平度	每米±1,全长5
7	螺栓孔的中心距离:相邻孔间,任意孔间	±2,±5

构件的检查与校正,最好在现场搭设的钢平台上进行,要边检查,边校正,使其达到规定的要求。现场进行钢构件的校正,常采用冷态校正和热态校正两种方法。变形不大时,常用冷态校正法,可在平台上用大锤进行;变形比较大时,可采用千斤顶或校直器。采用千斤顶校正钢构件时,可用型钢架,如图3-12所示。

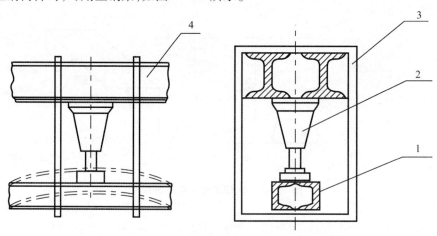

1—被校钢构件;2—千斤顶;3—框架;4—上固定型钢。

图3-12 千斤顶校正钢构件

热态校正法就是把需要校正的结构件进行局部加热,既可用烘炉加热,也可用乙炔火焰加热,但要控制好加热温度和加热长度。根据经验,加热温度在700℃左右较合适,不能超过 800 ℃。至于加热长度,用烘炉的加热应控制在 1 m 左右;用乙炔火焰加热,则应控制在 0.5 m 左右。如变形部位较长,可做分段校正。有时,热校正钢构件也可配合使用千斤顶。

3. 钢柱的对接

有些蒸发量比较大的工业锅炉,钢柱是分段发运的,需要现场组对。为了保证钢柱组对质量,需要搭设组合架,把钢柱放在组合架上,进行找正、焊接。组合架的结构如图 3 – 13 所示。

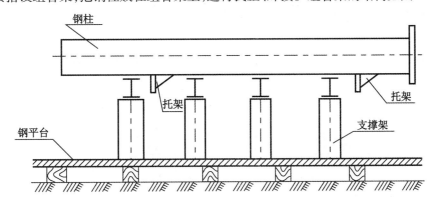

图 3 – 13　组合架示意图

搭设组合架,可视现场情况因地制宜地进行。现场有木方更好,没有木方可焊制钢构架。总之,组合架要满足如下条件:

(1)具有足够的强度和稳定性,所用的工字钢或槽钢要平直。

(2)各支撑面标高要一致,可用水准仪或 U 形管水平仪检查。

(3)各支撑面间的距离不宜过大,要错开托架,以间距 4～5 m 为宜,支撑面的高度以便于焊接为准。

钢柱的组对,除了应保证其几何尺寸、弯曲度等之外,更应保证焊接。钢柱在组对焊接时,必须严格执行图纸上的技术要求,开好坡口,保证焊缝质量。

4. 钢架的组合

工业锅炉的钢架由立柱、横梁、连接梁等组成,在安装时,往往是在地面组合钢架,然后整体吊装就位。组合钢架可视现场起重能力而定。现场起重能力较大时,多拼接几根立柱和横梁或将平台一起组合起来,而后整体吊装。安装 20 t 以下的锅炉时,常常是沿与纵向基准垂直的平面,一组一组地吊装就位,然后再用横梁连接。钢架组合工作按以下步骤进行:

(1)在组合架上画线确定钢架组件中立柱的位置,将立柱吊装就位,测量并调整好立柱的间距。

(2)先将靠近立柱两端的横梁组装就位,后装中间横梁。

(3)安装护板、托架,先点焊固定并全面复核尺寸,而后再焊接。

(4)将梯子、围板、栏杆组合在平台上,之后再与钢架组合,既可在地面直接组合,也可立完钢架后再吊装平台,与钢架组对。

钢构架在组合架上组对完成之后,要割去不必要的临时焊件,然后再进行吊装。

5. 钢架的吊装就位、找正及固定

钢架的吊装分为单根分件安装法和组合构件吊装法两种方式。

单根分件安装是指将校正好的钢构件直接进行安装,一般是先安装立柱,后安装横梁。

这种安装方法,调位、找正工作较烦琐,效率与质量也都低于组合构件吊装法,但此法吊装方便,适用于窄小的安装现场。

在吊装就位时,不论是采用单根分件安装法,还是采用组合构件吊装法,都应使事先在立柱底座上画好的十字线与在基础预埋板上画好的十字线相重合。

在钢柱没有吊装之前,要用水准仪把每根钢柱基础预埋板的标高测出来,并以最高者为基准,将其余低者用垫铁调整、垫高。每组垫铁不得超过三块,切不可用浇筑混凝土层的办法代替垫铁。

测量钢柱、横梁的标高时,可使用水准仪,也可使用自制的胶管水平仪,如图 3 – 14所示。

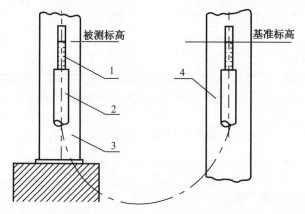

1—玻璃管;2—胶管;3—被测钢柱;4—已找正钢柱。

图 3 – 14　用胶管水平仪测钢柱标高

胶管水平仪是一种自制的测量工具,目前在安装现场应用比较普遍。它是利用长度适宜的胶管(或软塑料管)制成的,两端各装一节玻璃管。使用时里面装满水,形成 U 形连通管,根据阿基米德原理,两端液面等高,处于同一个水平面上。

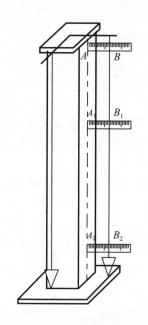

测量时,把胶管一端的水位对准基准标高,另一端对准钢柱上画好的横线。如果被测钢柱上的横线也在玻璃管的液面上,则符合要求;否则,应视其液面相差多少,用加铁的方法调整。采用同样的方法将每根立柱的标高确定后,再测量钢柱的垂直度。

钢柱垂直度的测量,在安装工地常常使用挂铅锤的方法(挂线法)。此法比较方便、可靠,具体测量方法如图 3 – 15 所示。在钢柱的两个互相垂直的柱面上各挂一个铅锤,用钢板尺测量钢柱侧面上、中、下三点至拉线的距离,测得的三个线段 AB、A_1B_1、A_2B_2 为同一个数值时,就说明钢柱在这个方向上垂直度偏差为零。

图 3 – 15　挂线法测量钢柱垂直度

如果上、下两个读数有差值,那么差值是多少就说明在这个方向上钢柱垂直度的偏差就是多少。该数如不在允许误差范围内,或者虽在允许误差范围内但偏差较大,就需要进行调整。

按此办法,对钢柱、横梁逐一进行测量和调整,并将各部位尺寸仔细复核一遍,待将立柱用地脚螺帽或电焊固定之后,方能对各构件开始焊接固定。

焊接时,要边焊边检查相关尺寸,以防焊接受热变形影响钢构架的几何尺寸。

工业锅炉钢架组装允许误差见表3-9。

表3-9 工业锅炉钢架组装允许误差表

项次	项目	允许误差/mm	附注
1	立柱和立柱的位置	±5	
2	各立柱间的距离偏差	±1/1 000,最大±10	
3	立柱、横梁的标高偏差	±5	
4	各立柱间相互标高差	3	
5	立柱的不垂直度	1/1 000,全高10	
6	两柱间在铅垂面内两对角线不等长度	1/1 000,最大10	在每根柱的两端测量
7	横梁的不水平度	1/1 000,全长5	
8	支持锅筒的横梁不水平度	1/1 000,全长3	
9	各立柱上水平面内或下水平面内相应两对用线的不等长度	1.5/1 000,最大15	

在各部构件焊接固定之后,方可进行二次灌注。在灌注混凝土之前,要将钢柱底板及基础面上的脏物清洗干净,并用木板支个方模。

锅炉的平台和扶梯,凡不影响锅筒吊装就位的,在钢架焊完之后,便可以进行安装。平台、扶梯组装应符合表3-10的要求。

表3-10 平台、扶梯组装允许误差表

项次	项目	允许误差/mm	附注
1	平台的标高	±10	以托架顶面对标高基准线为准
2	平台的不水平度,每米	1.5	以托架顶面为基准
3	相邻两平台接缝处的不平度	5	
4	扶手立杆对平台或扶梯的不垂直度,全高	5	
5	栏杆的弯曲度,每米	5	

扶手立柱间距要均匀,在转弯处必须装一根立柱。各构件要平直、美观、焊接牢固。

工业锅炉钢架及钢平台组装,必须做到焊接牢固,焊缝要光滑、美观,无表面切割孔洞。

【任务实施】

如图3-16(见书后附图)所示,按给定2×SHL20-1.6-AⅡ型蒸汽锅炉钢结构与平台安装任务,编制施工方案。

【复习自查】

1. 简述钢结构与钢平台施工工序。

2. 钢架的组合有哪几种方法?

3. 画图说明钢结构的吊装、就位与找正如何进行。

4. 钢架基础放线有何要求?

任务三　锅炉锅筒及集箱安装

【学习目标】

知识目标:

了解锅筒与集箱安装工艺流程;善于编制施工方案。

技能目标:

准确进行锅筒与集箱的画线;熟悉锅筒与集箱安装工序。

素质目标:

养成积极学习的习惯;展现运用新技术的能力。

【任务描述】

给定 $2 \times SHL20 - 1.6 - A \mathrm{II}$ 型蒸汽锅炉锅筒与集箱图纸。该任务锅炉为双锅筒,集箱包括前、后、左、右和上集箱,集箱材质为20g和20号钢两种;锅筒与集箱均以钢结构为主要支撑,其中下锅筒和部分集箱通过受热面与上锅筒通过吊挂连接。

【知识导航】

在锅炉立柱底板二次灌注混凝土的强度达到75%以上,并在钢架检验合格后,便可进行锅筒和集箱的安装。

1. 安装前的准备工作

锅筒和集箱是锅炉的主要部件,在安装前必须认真检查,看其在制造上有无缺陷、运输过程中有无碰坏和损伤。

(1)锅筒、集箱安装前的检验

锅筒在安装前应检查如下几个方面:

①检查锅筒外表面,看其在运输过程中有无损坏痕迹,特别是管接头的端面和角焊缝处。

②管孔除油、除锈,要逐个管孔编排、编号,对管孔逐个进行检查、测量,并将数据记录在展开图上。对管孔主要检查如下项目:

a.管孔是否有在运输中碰坏的;

b.胀接管孔是否有开在焊缝上的;

c.管孔公称直径、椭圆度、不柱度是否有超差的;

d.胀接管孔上是否有纵向沟纹、环向沟纹,其深度、宽度及沟纹距边缘距离是否在允许误差范围内,是否有螺旋沟纹等。

在以上检查中,如发现有问题,应单独提出并报告;如现场解决不了,应由建设单位与制造厂联系。管孔检查完毕后,应做好记录,并涂上黄油。

③检查锅筒的外形尺寸及弯曲度，其弯曲度的偏差为锅筒长的 2/1 000，全长不得超过 15 mm。

④检查锅筒两端标定的锅炉水平中心线、垂直中心线是否准确，标定的钢架中心线与管排的中心线位置是否符合图纸，若发现问题，必要时可略加调整。

⑤合金钢锅筒要进行光谱检验。

上述检查的目的在于把发现的问题在地面上及时解决，避免就位后无法处理，造成返工。

集箱在安装前应做好如下几方面的检查：

①集箱的长度、弯曲度。集箱的弯曲度为其全长的 1.5/1 000，全长不超过 10 mm。

②在拉线检查时，看集箱上的管接头的位置，是否有超差现象。

③集箱上的管接头是否碰坏，焊缝处是否有裂纹等缺陷，管接头壁厚及管径是否与设计图纸要求的壁厚、管径相同。

对集箱的检查也应做好记录，确认合格后，方可吊装就位。

（2）锅筒与集箱的画线

①按锅筒总装位置图，以管接头或管孔最多的一排为画线的起点，由该排管接头或管孔的两侧引出两条线，再作这两条线的中分线，这条线就是该排管接头沿锅筒（集箱）的纵向中心线 AA，如图 3 - 17 所示。

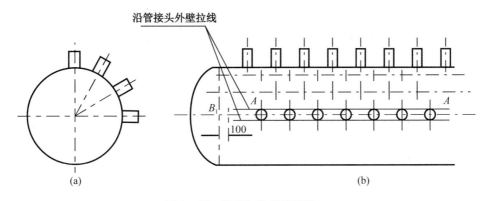

图 3 - 17　锅筒与集箱的画线

②将 AA 线段两端分别延长至封头与筒体的焊缝处，再在 AA 线段上，分别以两封头焊缝为起点，按 $L = 100$ mm 的要求，画出点 B_1、B_2（B_2 点在另一侧封头同 B_1 位置），过点 B_1、B_2 分别作 AA 线段的垂线，并沿锅筒圆周方向延长，便得出两个图。

③按照图纸上管接头纵向轴 AA 到锅筒水平面的夹角 α 和锅筒外直径 R 放线，如图 3 - 18 所示。该圆与锅筒水平面的交点为 C_1，再用钢尺测得 B_1C_1 弧长，并按此弧长，以 B_1 为起点在锅筒上画出点 C_1，然后再用同样的办法画出点 D_1。

④分别以点 C_1、D_1 为起点，在锅筒两端得出的两个圆周上，做圆的四等分，得出四等分点 E_1、F_1。

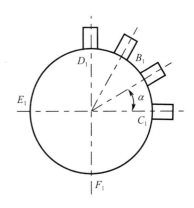

图 3 - 18　锅筒与集箱的十字线画法

⑤把锅筒垫平,用U形管水平仪测量两端的四等分点是否水平。如果水平,则说明锅筒没有扭曲;如果有差值,则要把四等分点调整一下,重新定出四等分点。如果差值过大,说明锅筒有扭曲,则要采取适当的措施修正过来。

⑥把锅筒上相应的等分点连接起来,便得出锅筒的四等分线,再按此线画出支座位置,找出有关安装测量点的位置,并做出清晰、明显的标记。

集箱的画线可按上述步骤进行。

2. 锅筒与集箱的安装

(1)锅筒、集箱安装的临时支撑

由于锅炉结构的不同,锅筒、集箱的数量、布置方法也不同。以锅筒为例,对于单锅筒的锅炉,锅筒可用设计的支座或吊环来固定;而对于双锅筒的锅炉,因锅筒有纵置式的、有横置式的,而且还有纵向、横向布置之分,所以在锅炉结构设计上,往往都是采用一个锅筒支撑在鞍座上或用吊环固定,而另一个锅筒则靠管束支撑或吊挂的办法,安装时,对该锅筒要用临时支座固定,以便于锅筒找正和穿管及胀管。图3-19为锅筒临时支座的两种形式:一是上锅筒靠管束支撑;二是下锅筒靠管束吊挂。对于此种情况,就要对上锅筒和下锅筒做临时支撑(支座),以保证其安装位置的正确性。

临时支座的刚性、稳定性要好,所以常用型钢焊制,待胀完管后再拆掉。拆除临时支座时,不要强力拆除和用锤击,以免胀口受力后松动。

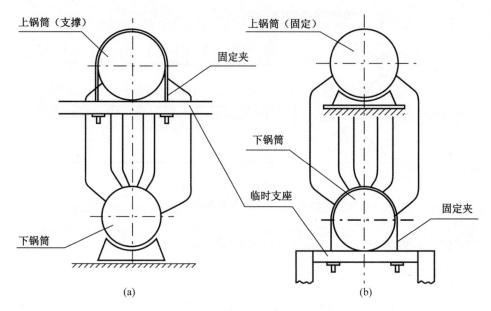

图3-19 锅筒临时支座的两种形式

集箱的临时支座也和锅筒一样,要视现场条件,采用合适的临时支撑。

安装锅筒支座时,要注意以下几点:

①支座位置要正确,为了保证锅筒位置的正确性,可在支座上加垫片。

②两个支座中要保证有一个支座能在钢架上自由移动或者使锅筒能在支座上自由移动。

③支座与锅筒要接触良好,局部间隙不超过2 mm。

④滑动支座在组装前应检查和清洗,更不得漏零件。

（2）锅筒的运输及吊装

锅筒是锅炉的关键部件,因此在运输和吊装中,要特别注意保护,避免影响安装质量,造成损失。

锅筒不论是厂内运输,还是厂外运输,都要注意以下几个问题:

①锅筒必须装在爬犁架上运输,不允许直接捆绑拉运。

②钢丝绳不得直接捆在锅筒上。

③运输和吊装中,管孔部位和管接头要有防护措施,以免碰坏。

④移动锅筒时,撬棍不得插入锅筒的管孔或管接头中。

在工业锅炉安装中,锅筒的吊装办法要视起重设备情况和现场情况而定。一般来说,锅炉安装时,因锅炉房都已封闭,采用吊车的可能性很小,所以大都使用室内抱杆,配用卷扬机吊装。

锅筒吊装时,要注意以下几个问题:

①锅筒捆绑要牢固、可靠,钢丝绳和锅筒接触部位要用木板或草袋垫好,严禁钢丝绳穿过锅筒管孔。

②钢丝绳捆的位置不能妨碍锅筒就位,钢丝绳也不得碰到锅筒上的短管。

③起吊前,应检查钢丝绳、绳夹是否牢固、可靠,抱杆转动是否灵活,抱杆及吊件是否回转自如。

④起吊时要有专人指挥,当吊离地面一定高度时,要停止起吊,观察一段时间,看是否有异常现象,起吊过程中不要让锅筒碰撞钢架。

⑤起吊到要求高度时,要将锅筒缓慢下落,使之准确地落在支座上。

（3）锅筒、集箱的找正

锅筒的找正工作很重要,锅筒的位置是否正确,对管排的安装有很大的影响,特别是胀接锅炉,锅筒位置不准确,就很难保证管子中心线与管孔中心线重合,势必形成一个角度,因而就很难保证胀接质量和管排间的距离。

锅筒、集箱找正时,要使锅筒的纵、横中心线与基础纵、横中心线的相对位置符合设计要求。要使锅筒与锅筒间、锅筒与集箱的相对位置符合规范要求。对纵置式锅炉,应使锅筒纵向中心线与基础纵向中心线在同一垂面内并且互相平行。锅筒、集箱就位时,位置偏差见表3－11及图3－20。

表3－11　锅筒、集箱就位偏差表

项次	项目	偏差不应超过/mm	备注
1	锅筒纵向轴心线、横向中心线与立柱中心线的水平方向距离偏差	±5	
2	锅筒、集箱的标高偏差	±5	
3	锅筒、集箱的不水平度,全长	2	
4	锅筒间(P、S)、集箱间(b、d、l)、锅筒与相邻过热器集箱间(a、c、f)、上锅筒上集箱间(h)轴心线距离偏差	±3	见图3－20

表 3 –11(续)

项次	项目	偏差不应超过/mm	备注
5	水冷壁集箱与立柱间的距离(m、n)偏差	±3	见图 3 – 20
6	过热器集箱间两对角线(K_1、K_2)的不等长度	3	见图 3 – 20
7	过热器集箱与蛇管最底部的距离(e)偏差	±5	见图 3 – 20

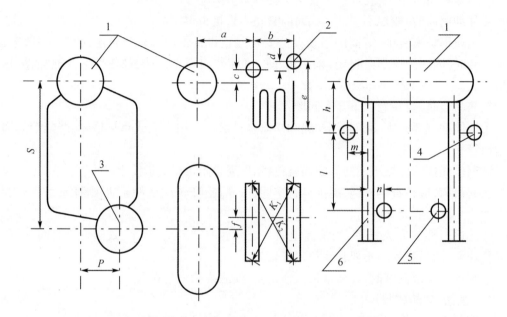

1—上锅筒;2—过热器集箱;3—下锅筒;4—水冷壁上集箱;5—水冷壁下集箱;6—立柱。

图 3 – 20 锅筒、集箱的间距

对横置式锅炉,要使锅筒纵向中心线与基础纵向中心线相互垂直。

锅筒、集箱找正时,常用的测量工具是铅锤、钢丝、米尺、胶管式水准仪、粉线。

调整锅筒纵、横中心线与基础的纵、横基准线的距离,常用挂投影法,即在锅筒纵、横中心线的两端挂上铅锤,使铅锤略高于地面,便得到铅锤在地面上的四个投影点,再分别连接投影点,就可得出锅筒纵、横中心线在基础面上的投影线(可用拉钢丝代表投影线),最后测量其与基础纵、横中心线的距离即可。如尺寸有偏差,可进行微调。

在调整锅筒与锅筒、锅筒与集箱、集箱与集箱之间的距离时,也可采用挂铅锤法,如图 3 –21、图 3 –22 所示,测量两条挂线之间的距离即可。挂铅锤时,要使锅筒、集箱的垂直中心线与挂线重合;不重合时,要进行调整。

调整锅筒、集箱纵向中心线的标高及水平度。在锅筒两个侧面上的水平中心线的两端,共有"四点"样冲记号,调整时,用胶管水平仪分别沿同一侧面的两点,和对角交叉的两点分别进行测量。若四个测量点在同一水平面内,则说明锅筒或集箱纵向中心线水平;若发现不平,则可调整支座下面的垫铁。对于悬吊式锅筒,可通过调整吊环螺栓长度来调节水平度。

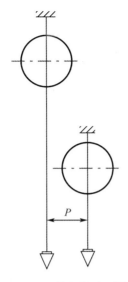

图 3 – 21　挂铅锤法测量
锅筒的间距

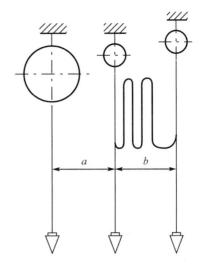

图 3 – 22　挂铅锤法测量锅筒与集箱、
集箱与集箱的间距

在组装锅筒和集箱时,应按技术要求的规定,留出热膨胀间隙。

对于锅筒内部装置,待水压试验合格后,再进行安装。

(4)集箱的位置及临时支撑

工业锅炉的集箱有的用活动夹子固定在钢架上,有的靠管排支撑或吊挂。在锅筒的位置调整好之后,便以锅筒的纵、横向中心线为基准,确定各集箱的位置。集箱的位置由三个尺寸来确定:一是集箱的标高;二是集箱的纵向中心线与锅筒纵向中心线的距离和集箱纵向中心线的水平度;三是集箱横向中心线与锅筒横向中心线的相互位置。

集箱的就位、调整与锅筒相同,就位的尺寸偏差按表 3 – 11 执行。

集箱的位置确定后,靠管排支撑或吊挂的集箱要采用临时支撑。在制造临时支撑和固定集箱时,要注意如下几点:

①临时支撑要有足够的强度和稳定性,为此可用型钢制作。

②临时支撑不可直接焊在集箱上,集箱要用夹子固定在临时支撑上。

③管排安装完毕后,应及时拆除临时支撑,但切不可强力拆除和用铁锤打。

以上三条同样适用于锅筒的临时支撑。锅筒、集箱在安装过程中,切不可随意在其表面打火和引弧。

【任务实施】

如图 3 – 23(见书后附图)所示,按照 2 × SHL20 – 1.6 – A Ⅱ型蒸汽锅炉锅筒与集箱图纸、参数及相关关系编制锅筒与集箱安装工艺指导书,包括:安装临时支撑方案;锅筒的运输与吊装方案;锅筒与集箱的找正方案。

【复习自查】

1.锅筒与集箱安装前需要检查吗,检查哪些项目?

2.简述锅筒画线方法。

3.锅筒吊装时需要注意哪些问题?

4.调整锅筒与集箱安装位置的依据是什么?

任务四　锅炉受热面管子安装

【学习目标】

知识目标：

了解锅炉受热面管子类型；熟悉受热面管子安装工艺。

技能目标：

掌握受热面管子焊接与胀接的工艺流程；善于选择焊接工艺。

素质目标：

养成创新学习的习惯；建立追求新工艺的胆识。

【任务描述】

给定 $2 \times SHL20 - 1.6 - A$ Ⅱ型蒸汽锅炉受热面，本任务锅炉受热面主要有对流管束和水冷壁，其中水冷壁管子规格为 $\phi 63.5$ mm $\times 3$ mm，对流管束管子规格为 $\phi 51$ mm $\times 3$ mm；受热面管子材质均为 20 号钢。

【知识导航】

1. 管子的检验与校正

工业锅炉的受热面管大部分在制造厂都已分规格、按数量弯好。基于运输、装卸加之保管不妥善等原因，管子很可能发生变形、损坏或丢失，所以管子在安装前必须进行检查与校正。

（1）检查管子的数量，并进行分类及编号

首先将锅炉的对流管、水冷壁管、过热器管、省煤器管（小型锅炉为铸铁省煤器管）等进行分类。

分类之后，每类再按图纸的布置分成排，一般都以锅筒下十字线为分界线分为左一排、右一排。每排再以锅筒的一端为起点，逐个管编号。水冷壁管按前、后、左、右水冷壁管分别编排、编号。其他管排类同，编好排、号之后用铅油做出标记。

在编排、编号的同时，要清点数量，并把缺件的管子做好详细记录，以便查找，或由建设单位与制造厂联系，补足缺件。

（2）管子的质量检查

在进行管子的质量检查之前，应在平台上放大样，按图纸给定的弯曲形状，在平台上放出实样，并画出外轮廓线，在其转弯处及弯段与直段过渡部分焊上若干块由小型角钢或扁钢切成的短节。这些短节就是检查弯曲管的样板。

平台放大样和样板做好之后，开始对受热面管进行全面检查。管子应符合下列标准：

①管子的外表面不应有重皮、裂纹、压扁、严重锈蚀等缺陷，如管子有沟纹、麻点等缺陷，缺陷深度不应使管壁厚小于公称壁厚的90%。

②管子壁厚要均匀，对于外径为 32～42 mm 的管子，其外径偏差不应超过 ±0.45 mm；对于外径为 51～108 mm 的管子，其偏差不应超过管子公称外径的 ±1%。

③管子的直径、椭圆度应满足胀接或焊接要求，直管的弯曲度允许偏差为每米 1 mm，长度允许偏差为 ±3 mm。

④直管的弯曲度允许偏差为每米 1 mm,长度允许偏差为 ±3 mm。

⑤弯曲管的外形允许偏差应符合图 3 – 24 的规定。

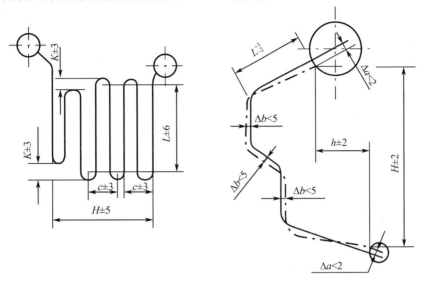

图 3 – 24　弯曲管的外形允许偏差

⑥弯曲管平面的不平度允许偏差应符合表 3 – 12 的要求,并参照图 3 – 25、图 3 – 26。

表 3 – 12　弯曲管不平度允许偏差表

长度 c/mm	不平度允许偏差 a/mm
50 ~ 500	3
>500 ~ 1 000	4
>1 000 ~ 1 500	5
>1 500	6

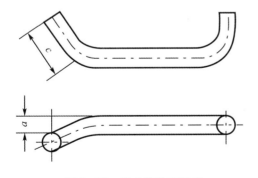

图 3 – 25　弯曲管的不平度

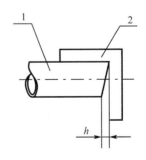

1—管子;2—角尺。

图 3 – 26　胀接管端的端面倾斜度

⑦管子胀接端的端面应垂直于管子的外壁,用角尺测量,其间隙 h 不得超过管子外径的 2% ,同时边缘不得有毛刺。

（3）管子的校正

在管子检查中，如发现有不符合规范要求的管子，应随时校正，经校正仍不合格的管子，则需要重新弯制或由制造厂给予更换。重新弯制的管子一定要和原来的管子保持同材质、同规格，并要有该材料的原始质量证明书，必要时要进行材质复验，否则不得进行现场弯制。

弯曲管的校正应在事先准备好的平台上进行。如前所述，在放样外轮廓线上焊有若干小型角钢或扁钢割成的短节，从而构成了样板。检查中，凡能放入样板内的弯曲管，即为合格管，而放不进去的，就为不合格管。不合格管就需要校正。校正的方法分为两种：一种是冷校；另一种是热校。热校就是用氧－乙炔火焰做局部加热进行整形，直到能放入样板槽内为止。热校时，要掌握好加热温度，不得过烧或由于温度过高而引起变形。

管端的椭圆度如满足不了胀接或焊接要求，可用旧胀管器轻轻地校圆，但不能使管径扩大。此项工作必须在管子退火之前进行。

管子的端面不垂直于管壁时，可在管子经退火并打磨好之后进行校正。校正的办法：将管子按设计位置试装，如管端伸出长度在公差范围之内，可用锉将偏口部分锉去；如管端伸出长度超出公差范围，可将长出的部分和偏斜的部分一起锯掉。管子经检查、校正之后，要进行通球试验。

2. 受热面管的通球试验

为了检查管子弯曲后弯曲段的椭圆度和对接焊缝反面成形尺寸，在安装前要对热面管进行通球试验。

通球试验所选用的球径与管子的直径和弯曲半径有关，常用的球径见表 3 – 13。

表 3 – 13　通球试验用球球径表

弯曲半径	管子外径/mm		
	$D_1 \geqslant 60$	$32 < D_1 < 60$	$D_1 \leqslant 32$
$R \geqslant 3.5D_1$	$0.90D_0$	$0.85D_0$	$0.75D_0$
$2.5D_1 < R < 3.5D_1$	$0.90D_0$	$0.85D_0$	$0.75D_0$
$1.8D_1 \leqslant R < 2.5D_1$	$0.80D_0$	$0.80D_0$	$0.75D_0$
$R < 1.8D_1$	$0.75D_0$	$0.75D_0$	$0.75D_0$

注：D_0—管子内径；D_1—管子外径；R—弯曲半径。

通球试验要用钢球或木球，不得用铅等易产生塑性变形的材料。对蛇形过热器做通球试验时，要用空气压缩机产生的高压风把球吹过去。

通球试验时，要注意如下问题：

（1）所用的球要编好号，并由专人保管，切不可留存在管内。

（2）通球试验要由专人负责进行，并认真填写通球试验记录。

（3）发现通球不合格的管子，要及时校正或更换，并做好记录。

3. 水冷壁管的安装

在工业炉中，水冷壁管都布置在炉内，是主要受热面之一，因此水冷壁管的安装是很重要的。

（1）安装前的检查

①集箱的检查及合格标准

a. 检查管口尺寸是否符合表 3 – 14 的规定，表中 s 为管子名义壁厚；锅炉受压元件上焊接孔的尺寸精度如图 3 – 27 所示。

表 3 – 14　管口尺寸偏差表

管子外径 D_w/mm	管孔尺寸/mm	
	D_1	D_2
$D_w \leqslant 45$	$D_w + 0.5$	$D_w - 2s$
$45 < D_w \leqslant 103$	$D_w + 1$	$D_w - 2s$

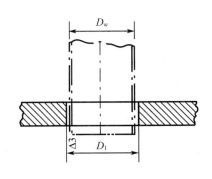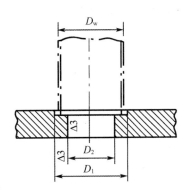

图 3 – 27　锅炉受压元件上焊接孔的尺寸精度

b. 集箱长度偏差应小于或等于 ±8 mm。

c. 集箱挠度（弯曲度）不得超过 $L/1\,000$，其中 L 为集箱长度偏差。

d. 集箱上管接头倾斜 Δa 不得超过 1.5 mm，如图 3 – 28 所示。

e. 在成排管接头中，任何相邻的管接头的管端节距偏差不得超过 3 mm。

f. 管接头管端倾斜 Δh 不得超过 1 mm，如图 3 – 29 所示。

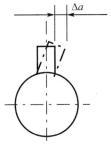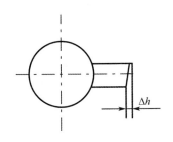

图 3 – 28　集箱上管接头倾斜示意图　　　图 3 – 29　管接头管端倾斜示意图

g. 管接头的高度偏差，对于单个管接头为 ±3 mm；对于成排管接头，当高度小于300 mm时，其两端两个管接头高度偏差为 ±1 mm，其余管接头的高度以两端管接头的高度为基准，其高度偏差，对膜式壁为 ±1 mm，而对单管为 ±2 mm。

h.管接头为合金钢的,要在现场打光谱定性并做出标记。

对集箱做上述项目的检查,若都符合标准,便可进行安装。

②管子的检查及合格标准

a.管端不得有裂纹,管子外表面不得有碰坑、碰扁及严重腐蚀等明显缺陷。

b.弯曲管的偏差应符合图3－24的规定。弯曲管不平度的允许偏差应符合相关规定。

c.现场如有对接焊口的水冷壁管,在焊完之后要进行水压试验,试验压力为管子工作压力的两倍;如水冷壁管的壁温大于450 ℃,还应在现场做25%的射线探伤。

d.水冷壁管在安装前要进行通球试验,所用球径应符合表3－13的规定。

水冷壁管检查完之后要在平台上进行弯曲度、不平度、长度等项的校正,经校验合格的管子方可进行安装。

（2）水冷管与锅筒、集箱的连接方式

由于锅炉的设计结构不同,水冷壁管与锅筒、集箱的连接方式也不一样,一般分为如下几种:

①无上集箱的锅炉,水冷壁管与锅筒的连接有胀接、焊接(锅筒上焊有管接头)两种;

②有上集箱的锅炉,水冷壁管与集箱的连接有插入焊、与集箱管接头对接焊两种;

③水冷壁管与下集箱的连接方式有水冷壁管插入集箱管孔中的角焊和水冷壁管与集箱管接头对接焊两种。

（3）集箱的就位及临时固定

根据相关规程、规范的规定,集箱不得与临时支架焊接,但现在有些安装单位仍将集箱与临时支架焊接,而临时支架又不正规,随便找几块型钢和集箱、钢架一焊了事,这是不允许的。

图3－30为集箱临时固定装置。安装时,应使支架角钢与锅炉钢架或其他物件临时固定,以保证锅筒与集箱、集箱与集箱相互位置的准确性。把经检查、画线的集箱放在支架上就位、找正。找正时,可在支架上用垫片进行调节。待调整就绪后,将限位角钢与支架固定,把U形夹子拧紧。

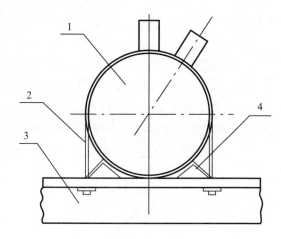

（4）光管水冷壁管的安装

光管水冷壁管可以采用两种方式安装:一种是在组合架上安装好后,整体吊装就位;另一种是单根管分别与集箱、锅筒连接就位。

在水冷壁系统中如无上集箱,而是水冷壁管上端与锅筒连接、下端与集箱连接时,只能采用炉上单根组装。具体做法是,将与该集箱连接的水冷壁管的两侧边管先找正、

1—集箱;2—U形夹子;3—支架角钢;4—限位角钢。

图3－30　集箱临时固定装置

点焊固定,然后在这两根管之间拉粉线,以此为基准,安装其他水冷壁管。

对有上集箱的水冷壁管安装,有的分别将上、下集箱就位,单根安装。这种方法适用于安装水冷壁管根数比较少的中、小型工业锅炉。另一种方法就是在组合架上安装,最后成组吊装就位。下面讲一下水冷壁管的组合架安装。

在平台上,按设计要求的集箱位置,首先搭设组合架。组合架应用型钢焊制。组合架

最好水平放置。将上、下集箱分别放在组合架上就位,找好相对位置,保持两个集箱中心的互相平行及相关尺寸。管排安装先从边管开始,以两根边管作为组合件的标准管,从上、下集箱相对应的两端边管的中心线拉粉线,测量其对角线偏差,无误时便将两根边管点焊固定。在两根边管的外侧,分别在组合架上焊两根限位角钢,这两根限位角钢之间的距离应正好是水冷壁管的直径。限位角钢的位置距管接头上端面 50～100 mm 为宜。上、下集箱处都应这样处理。安装其他水冷壁管就以此为基准,比较方便。

水冷壁管与管接头的焊接端在焊接前,必须按要求用坡口机开好坡口。为了保持管间距,在组装时可用木制间距板将各管隔开,同时也起到限位的作用。水冷壁组合件安装完之后要进行检查,其合格标准应符合表 3-15 的规定。

表 3-15　水冷壁组合件允许偏差表

项次	项目	光管水冷壁带集箱/mm	鳍片管带集箱/mm
1	联箱不平度	2	2
2	组件对角线差	10	10
3	组件宽度:全宽≤3 000,全宽>3 000	±3,±5	每米(毫米)$_{总宽}^{+3}$≤10
4	火口中心线	±10	±10
5	组件长度	±10	±10
6	个别管子突出不平	±5	±5
7	水冷壁固定挂钩:标高,错位	±2,±3	—

水冷壁管与管接头对接时,除开好坡口外,还要对管端和管接头的内、外除油垢、除锈,露出金属光泽后,用专用的管夹定位器把管端与管接头固定,然后再进行点焊。

水冷壁管在组对时,其对口不得错位,弯折度应符合表 3-16 的规定,管口端面的倾斜度应符合表 3-17 的规定。

表 3-16　对接焊口弯折度偏差表

管径	公称直径≤108 mm	公称直径>108 mm
	1/200	2.5%
弯折度偏差		
	在距焊缝中心 200 mm 处检查,每米内的弯折数值 V 不得大于 1 mm	在距焊缝中心 50 mm 处检查,每米内的弯折数值 V 不得大于 2.5 mm

表 3-17　对接焊管口端面倾斜度偏差表

管子公称外径/mm	端面倾斜度不应超过/mm
≤108	0.8
108～159	1.5

表 3 –17（续）

管子公称外径/mm	端面倾斜度不应超过/mm
>159	2

水冷壁管的外形允许偏差应符合图 3 – 24 的规定,水冷壁管的不平度允许偏差应符合表 3 – 12 的规定。

（5）膜式水冷壁的安装

在工业锅炉中,较大蒸发量的锅炉或密封性要求较高的锅炉,多采用膜式水冷壁结构。

膜式水冷壁一般都是在制造厂分段分组制造好后运到现场的,所以在组合之前,必须对各段膜式水冷壁进行校正,主要检查和校正其宽度、对角线以及管排的不平度。如果各段宽度不一致,组合时管口就对不齐。在检查中,如发现有问题,要用割枪把鳍片割开并开好坡口,待调整好间距后,再重新焊上。如果个别管子突出,也要采取上述办法进行调整。

待检查、调整合适后,再在组合架上进行膜式水冷壁的组合。其步骤和光管水冷壁的组合一样,先将集箱就位、找正、临时固定,而后对各段管排分别进行通球试验,检查其畅通情况,然后在管子接口部位开坡面。以上准备工作就绪后便开始进行各段管排之间和管排与集箱之间的连接。为了稳妥起见,在位置调整好之后,先点焊固定,然后全面检查,确认各部位尺寸都符合表 3 – 15 要求时,方能开始焊接。

膜式水冷壁组合完毕之后,要整体进行水压试验,合格后再吊装就位。其水压试验压力一般为工作压力的两倍。

水冷壁组装时,集箱的位置偏差应符合表 3 – 11 的规定,管子的外形允许偏差应符合图 3 – 24的规定,组合件的各部位尺寸偏差应符合表 3 – 15 的规定。满足了上述条件,水冷壁组件方可起吊。水冷壁组件起吊前要进行加固。加固的措施应由现场条件而定,但有个原则,就是必须保证组件吊装时有一定的刚度和适当的强度,以防组件变形。通常采用的加固方法有型钢加固、钢筋加固和桁架加固梁加固。可视组合件的大小、管子的粗细、吊装设备的吊装能力等条件,考虑采用适宜的加固方案。

现场水冷壁组件吊装时,要根据锅炉房的大小、锅炉的位置及相邻的零部件情况等编制适当的吊装方案,以做到准确、安全地就位。

水冷壁组件安装允许误差应符合表 3 – 18 的规定。

表 3 – 18　水冷壁组件安装允许误差表

项次	项目	允许误差/mm
1	集箱标高	±5
2	集箱水平	3
3	间距	±5

（6）水冷壁管的冷拉

对于安装蒸发量比较大、水冷壁管比较长的锅炉水冷壁管,为了消除水冷壁管制造中残余的弹性变形,保证下集箱与炉排之间有足够的热膨胀间隙,在水冷壁管的安装过程中,在下集箱与炉排侧密封板之间,不仅要留出热膨胀间隙,还要留出冷拉间隙。

水冷壁冷拉间隙的大小与水冷壁管的长短、形状、弯段数量等因素有关。需要进行冷拉的水冷壁管,在安装使用说明书中都有明确要求,中型工业锅炉水冷壁管的冷拉距离一般为 20 ~ 30 mm。

水冷壁管在冷拉时,两端受力要均匀,不可一边力大、一边力小,以免拉偏。另外,在冷拉时,加力不要过猛,要缓慢加力。

在安装现场冷拉时,多采用手动倒链来加力。

【任务实施】

如图 3 – 31 所示,按照 2 × SHL20 – 1.6 – A Ⅱ 型蒸汽锅炉对流管束和水冷壁的结构形式确定施工工艺,包括连接工艺、通球方案和焊接方案。

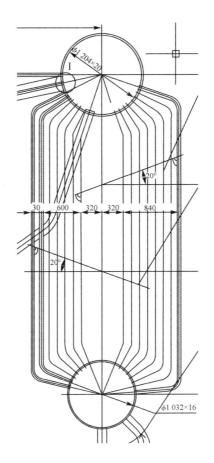

图 3 – 31 对流管束结构图

【复习自查】

1. 管子的校正方法有几种?

2. 管子通球的球径一般为多少? 如水冷壁管直径为 $\phi51$ mm $\times 3$ mm,则通球球径为多少?

3. 水冷壁与锅筒、集箱的连接方式有哪些?

4. 膜式壁与光管水冷壁安装有何不同?

任务五　锅炉省煤器安装

【学习目标】

知识目标:

了解省煤器的类型与特点;精熟不同类型省煤器安装工艺。

技能目标:

掌握铸铁省煤器的安装方法;善于选择不同的焊接工艺安装钢管省煤器。

素质目标:

养成创新学习的习惯;建立追求新工艺的胆识。

【任务描述】

给定 $2 \times SHL20 - 1.6 - A \, \mathrm{II}$ 型蒸汽锅炉省煤器结构图。该锅炉省煤器为钢管省煤器,管子规格为 $\phi42 \, mm \times 3 \, mm$,管子材质为 20 号钢;蛇形管按照两级布置于锅炉烟气出口,由单独钢结构作为支撑。

【知识导航】

省煤器也属于锅炉受热面的一部分,它的工作温度虽然没有其他受热面高,但其承受的压力却比其他受热面大,所以必须保证省煤器的安装质量。

1. 省煤器的作用及分类

(1)省煤器的作用

①节省能源,提高锅炉的热效率。

②降低排烟温度,提高给水温度。

③给水经省煤器加热后可释放出水中溶解的氧和二氧化碳,减少对锅炉的腐蚀。

④可减少给水管与锅筒连接部位因温差而产生的热应力。

(2)省煤器的分类

省煤器按给水被加热的程度分为非沸腾式和沸腾式;按材质分为铸铁省煤器和钢管省煤器;按装置的形式分为立式和卧式;按烟气与给水的流动方向分为顺流式和逆流式。

①铸铁省煤器

铸铁省煤器常用于压力 $p \leqslant 245 \times 10^4 \, Pa$ 的锅炉中,其特点是耐腐蚀、维修费用低,但制造成本高、烟气阻力大、易积灰。

铸铁省煤器由若干根带鳍片的铸铁管和铸铁弯头组成。铸铁弯头与铸铁管用法兰连接,铸铁管鳍片有圆形的、方形的,但也有不带鳍片的光铸铁管。鳍片式铸铁省煤器单根数据见表3-19。

表3-19　鳍片式铸铁省煤器单根数据表

长度/mm	750	1 000	1 200	1 500	2 000	2 500	3 000
受热面积/m²	1.03	1.41	1.72	2.18	2.95	3.72	4.49
烟气流通截面积/m²	0.040	0.056	0.069	0.088	0.120	0.152	0.184
质量/kg	28.7	36.5	42.9	52.0	67.9	83.6	99.3

②钢管省煤器

在锅炉工作压力比较高时,省煤器常用钢管制造,其特点是能承受较高的压力、不易积灰、不怕水击,但对水质要求高、耐蚀性差、蛇形管内部不便于清洗。

钢管省煤器多采用 $\phi 25$ mm、$\phi 28$ mm、$\phi 38$ mm 的无缝钢管制成,与集箱焊接。钢管省煤器可分成几组,每组之间留有一定间距,烟气与给水构成逆流传热。

(3)省煤器旁路烟道、附件装置及其作用

在鳍片式省煤器及非沸腾式钢管省煤器上要设置旁路烟道。省煤器旁路烟道如图 3 - 32 所示。

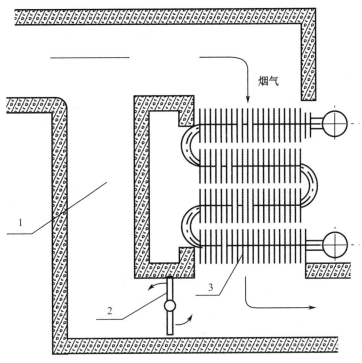

1—旁路烟道;2—旁路烟道门;3—省煤器。

图 3 - 32 省煤器旁路烟道

为了保证省煤器的安全运行,在省煤器的出口装有安全阀、压力表和温度计;省煤器还设有旁路水管,以便省煤器出现故障时,可由旁路水管直接向锅炉供水使锅炉继续运行。

省煤气旁路烟道的作用如下:

①当省煤器出现故障,需要检修时,可开启旁路烟道,使烟气不走省煤器,以达到不停炉检修的目的;

②当锅炉升火或烘炉时,烟气可通过旁路烟道排出,以防止省煤器过热损坏。

2.铸铁省煤器的安装

(1)安装前的零部件检查及单根水压

铸铁省煤器管分为方管式和圆管式两种,管的外面都有铸铁肋片。除省煤器管之外,还有省煤器弯头等。铸铁省煤器在安装前,应首先检查省煤器管和弯头数量够不够,而后再检查省煤器管和省煤器弯头的密封面,看有无径向沟纹、凹坑、裂纹等缺陷,看其止口是否配合得当。如发现有缺陷,则应进行修复或更换。

在铸铁省煤器安装之前,应对省煤器管认真进行单根水压试验,力求在安装之前发现问题。因为在总体水压试验中如发现有漏的省煤器管,就必须拆除该省煤器管上的所有管子才能更换漏管,因此要避免发生此类情况。铸铁省煤器管的单根水压试验压力为工作压力的 1.25 倍再加 49×10^4 Pa。

(2)铸铁省煤器的安装及合格标准

在铸铁省煤器安装之前,应先复核固定省煤器的钢架,看其是否符合安装标准,特别要注意横梁的水平度偏差。在安装省煤器时,要先进行选件,把长度相近的肋片管放在一组,务必使上、下、左、右两肋片管之间的距离误差不超过 1 mm。安装时还要注意肋片顺序,一般为顺列,以求有利于烟气的流通。在铁管与弯头连接时,固定螺栓要由里向外穿,并用细钢筋把相邻的螺栓帽焊在一起,以防脱落或紧固螺母时打滑,如图 3 - 33 所示。

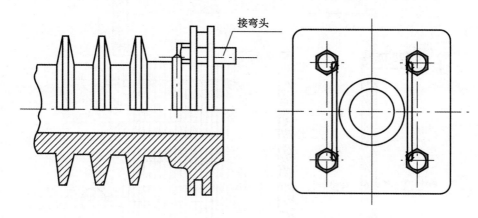

图 3 - 33 省煤器螺栓连接

在肋片管和弯头的法兰之间,要垫上涂有石墨粉的石棉橡胶板,各铸铁省煤器的法兰间要用石绳密封好,以防漏气。

省煤器组装时,各部位尺寸偏差应符合表 3 - 20 的规定。

表 3 - 20 省煤器组装允许偏差表

项次	项目	允许偏差/mm
1	支承架的水平方向位置	±3
2	支承架的两对角线不等长度	3
3	支承架的标高(以主锅筒为准)	±5
4	支承架各肋片管中心线的不平度	1
5	相邻两肋片管的中心距	±1
6	相邻两肋片管的不等长度	1
7	每组肋片管每端各法兰密封面偏移	5
8	每根肋片管上有破损的肋片数	10%
9	整个省煤器中有破损肋片的管数	10%

3.钢管省煤器的安装

钢管省煤器一般是在蒸发量35 t/h 以上的锅炉中采用,蒸发量20 t/h 以下的锅炉很少采用钢管省煤器。钢管省煤器的安装难度要比铸铁省煤器大。一台锅炉中,钢管省煤器根据受热面的需要,有的布置一组,有的布置两组或多组。

(1)集箱的检查及画线

省煤器集箱与水冷壁集箱、过热器集箱类似,由集箱筒体、端盖和焊在筒体上的管接头组成。安装前要对集箱严格检查,而后再画线。

省煤器集箱检查的项目及合格标准与水冷壁集箱的检查项目及合格标准相同。

(2)管子的检查、单根水压试验及通球

①管子的检查与校正

钢管省煤器管子的外形允许偏差应符合图 3 - 24 的规定,不平度允许偏差应符合相关规定,外观检查的内容同水冷壁管。

省煤器钢管的校正也要在平台上放线,采用校正受热面管的办法,认真加以校正。

②管子单根水压试验及通球

省煤器管子在安装现场如有对接焊缝(与集箱管接头对接除外),则对接焊焊完之后要进行单根水压试验。水压试验压力为其工作压力的 2 倍。如无现场对接焊口,管子外观检查又无异常,可不用做单根水压试验。

对省煤器钢管,不管有没有现场对接焊口,在安装前都要进行通球试验。由于省煤器蛇形管弯段比较多,而单根管又较长,所以通球时,常用压缩空气吹球,效率比较高。

通球试验时,按表 3 - 13 选择球径。

(3)钢管省煤器的组合

钢管省煤器的组合应在组合架上进行。在组合架上先把两个集箱的相对位置找好,并按画线的位置固定,然后开始装管。安装管子时,也要加设临时支撑,待安装完毕装上省煤器管夹子之后再拆除。要注意临时支撑不得与集箱和管子焊接或点焊固定。

安装省煤器的程序与安装水冷壁管相同,先把两端的边管位置找好,通过点焊固定,再以这两根管为基准挂线,并在支撑架上焊限位角钢,其余的管子均应通过限位角钢与管接头对接。

管子对接焊口的弯折度偏差应符合表 3 - 16 的规定;管口端面倾斜度偏差应符合表3 - 17的规定。

安装钢管省煤器应注意以下几个问题:

①留好管子与管子之间的距离,以保证烟气流动通畅,减少烟气阻力。

②管子和管子不要挨在一起,要留出一定的空间,以免积灰,防止管与管彼此摩擦。

③钢管省煤器组装完之后要采取加固措施,然后方可吊装。吊装时钢丝绳不要捆在管子上。

钢管省煤器的焊接工艺应根据管子的材料和集箱管接头的材质而定。

【任务实施】

如图 3 - 34(见书后附图)所示,按照任务给定 2 × SHL20 - 1.6 - AⅡ型蒸汽锅炉省煤器类型及图样,编制省煤器施工作业指导书。

【复习自查】

1.省煤器有几种类型?

2. 铸铁省煤器与钢管省煤器有何区别?

3. 通球试验一般应用于哪种省煤器安装中?

4. 钢管省煤器安装中要注意哪些问题?

任务六　锅炉过热器安装

【学习目标】

知识目标:

了解过热器的类型与结构;精熟过热器的组合方法与施工工艺。

技能目标:

掌握过热器管检查方法与流程;善于选择过热器管组合、施工工艺。

素质目标:

养成创新学习的习惯;建立追求新工艺的胆识。

【任务描述】

给定 $2 \times SHL20 - 1.6 - A\,II$ 型蒸汽锅炉过热器结构与安装布置图,根据生产工艺将过热器加入系统中;过热器为蛇形管垂直式布置,设于炉膛出口烟道中;过热器分为三级,一级过热器材质为 12CrMoV 合金钢,二、三级为 20 号钢,管子规格均为 $\phi38\ mm \times 3\ mm$。

【知识导航】

过热器是锅炉受热面管中工作条件最差的部分,始终承受着高温、高压的考验。由于过热器管外壁受高温烟气的冲刷,面内壁总是接触压力和温度都比较高的过热蒸汽,因此有的锅炉过热器管全部或部分采用合金钢管,以求增加其耐热强度及抗蠕变性能。

1. 过热器的作用、分类及结构

(1)过热器的作用

①在饱和蒸汽中一般约含水分20%,通过过热器可使饱和蒸汽中的水分蒸发,变成干蒸汽。

②可使饱和蒸汽加热到一定的温度,以满足生产需要。

(2)过热器的分类

①按结构形式,过热器可分为立式和卧式两种。

立式过热器如图 3 – 35 所示。立式过热器垂直地悬挂在炉膛或烟道中,过热器进口集箱与锅筒出气管连接。

卧式过热器是蛇管水平装置,其特点是疏水方便,易积灰,悬吊麻烦。卧式过热器如图 3 – 36 所示。

②按传热方式,过热器可分为对流式、辐射式和半辐射式三种。

对流式过热器安装在炉膛出口后面或烟道内,靠烟气冲刷管壁而获得热量。

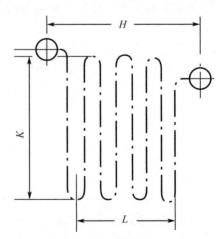

图 3 – 35　立式过热器

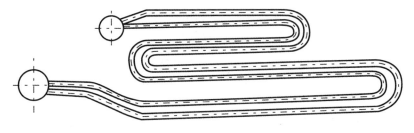

图 3-36　卧式过热器

辐射式过热器安装在炉膛的高温处(温度达到 1 000 ℃以上),靠高温辐射获得热量。

半辐射式过热器安装在炉膛的出口处,既辐射受热,又受烟气冲刷。

③按蒸汽与烟气的流动方式,过热器可分为顺流式、逆流式、混流式、双逆流式四种(图 3-37)。

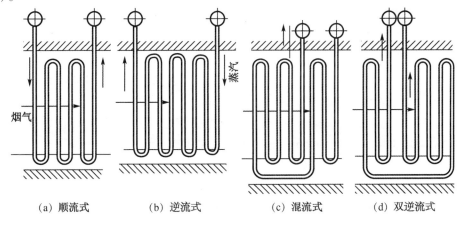

（a）顺流式　　　（b）逆流式　　　（c）混流式　　　（d）双逆流式

图 3-37　过热器的几种流动方式

所谓顺流式过热器是指烟气流动方向与蒸汽流动方向一致,而逆流式过热器则相反。所谓混流式过热器是指烟气流动方向与蒸汽流动方向既有顺流区段,也有逆流区段。所谓双逆流式过热器则是指烟气流动方向与蒸汽流动方向构成两个逆流区段。这四种流动方式从传热理论和实际使用上看,混流式最好,逆流式、双逆流式次之,顺流式较差。

（3）过热器应安装的附件

①过热器的出口应安装疏水阀,有进口集箱的,也应安装疏水阀。

②过热器的出口集箱应安装安全阀、压力表、排气阀及温度计。

2. 管子与集箱的检查、合格标准及光谱检验

过热器管一般都是由合金钢管或优质碳素钢管制造的。由于结构的需要,其蛇形弯比较多,因此过热器在安装前要做如下几个方面的检查:

（1）外观检查,即管子的外表面要光滑,不得有重皮、裂纹、碰扁、凹坑及严重的腐蚀;蛇形弯段不得有皱褶和鼓包;管子如有沟纹、麻点等缺陷时,其深度不应使管壁厚小于公称壁厚的 90%。

（2）管子的直径及椭圆度应满足焊接要求。

（3）直管段的弯曲度允许偏差为每米 1 mm,长度允许偏差为 ±3 mm。

（4）弯曲段的外形允许偏差应符合图 3-24 的规定。

（5）管子的不平度允许偏差应符合表 3 – 12 的规定。

（6）管端倾斜度偏差应符合表 3 – 17 的规定，要逐根打光谱，复核材质是否与设计相符，并将每个管端的光谱分析结果做出标记，做出详细的光谱记录。

（7）卧式过热器（图 3 – 36）在平台上放线，按管子校正办法校正过热器管，并按图纸标出管号。

（8）对于现场有对接焊缝的管子（不包括与集箱管接头对接的焊缝），安装前要做水压试验，试验压力为工作压力的二倍，如≥60 ℃时，还要做 25% 的射线探伤。

（9）安装前对过热器管要进行通球试验，所用球径应符合表 3 – 13 的规定。

以上各项检查都做出详细记录，并将其装入锅炉档案。

集箱在安装前要做如下几个方面的检查：

（1）如果集箱上不是管接头，面是开的管孔，则管孔尺寸应符合表 3 – 14 的规定。

（2）集箱弯曲度不得超过 $L/1\,000$（L 为集箱的长度）。

（3）集箱上的管接头偏斜不超过 1.5 mm（图 3 – 28）。

（4）任何两个相邻管接头端部节距偏差不得超过 3 mm。

（5）接头端面倾斜不得超过 1 mm。

（6）管接头高度偏差，当管接头高度≤300 mm 时，其两端两个管接头偏差为 ±1 mm，其余管接头高度偏差以两端为基准，不得超过 ±1 mm。

（7）对集箱筒体和管接头逐个打光谱，给管接头编号，将光谱结果标记在管接头上，并在光谱记录中做出详细记载。图 3 – 38 为集箱管接头光谱记录图。

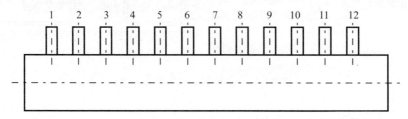

图 3 – 38　集箱管接头光谱记录图

如果经过光谱检验发现如下问题，即本应整排都是合金钢管接头，而经光谱检验却发现有低碳钢管接头时，则应由建设单位打报告，请制造厂处理，安装单位不得自行处理；在打报告的同时，建设单位还要向当地技术监督部门报告。

3. 过热器的组合

过热器的组合既可以在地面组合架上组合好，整体吊装就位，也可以在集箱就位后接实际位置单根组合，这要视锅炉的结构而定。比如，过热器管是穿插在水冷壁管中间的，如 AZD20 – 25/400 型锅炉，采用按实际位置单根组合就比在组合架上组合好，整体吊装就位方便。因为这样做，有利于调整水冷壁管与过热器管的间距。如果过热器的进气管与锅筒的连接是多根管焊接或胀接的，就必须将过热器集箱按实际位置就位临时固定后，再单根组装过热器管。若在锅炉结构中，过热器单独构成一体，布置在炉膛的某一部位时，便可在地面组合架上组装好，整体吊装就位，如蒸发量较大的电站锅炉。

（1）集箱的就位及临时支架

不论是在地面组合架上组装过热器，还是把集箱就位后按实际位置单根组装都需要把过热器集箱的位置弄准。锅筒与过热器集箱的位置,集箱之间的位置都必须准确可靠,否则将影响管排的安装质量。集箱就位的偏差见表3-11。

集箱的位置确定后,用限位角钢和U形螺栓夹将集箱固定,如图3-30所示。

(2)过热器的组合及合格标准

把经过校正及各项检验合格的过热器管与就位找正后的集箱组合、试装。组合的时候,仍以边管为基准,将两端的边管找准位置后点焊固定,再从两根边管拉线,以该线为基准安装其余过热器管,组装过热器应符合表3-21的规定和图3-39的规定。

表3-21　过热器组装时允许偏差表

项次	项目	允许偏差/mm	备注
1	进口集箱与锅筒间水平方向的距离(a)	±3	
2	进口与出口集箱间水平方向的距离(b)	±2	
3	进口与出口集箱间对角线(d_1、d_2)的不等长度	3	在最外边管孔中心处测量
4	集箱的不水平度,全长	2	
5	进口集箱与铝筒间铅垂方向的距离(c)	±3	
6	进口与出口集箱间铅垂方向的距离(d)	±3	
7	进口集箱横向中心线与锅筒横向中心线间水平方向的距离(f)	±3	
8	集箱与蛇形管最低部位的距离(e)	±5	
9	管子最外缘与其他管子间的距离	±3	

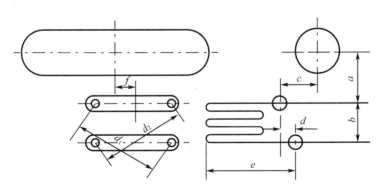

图3-39　组装过热器的允许偏差

过热器管对接焊,弯折度应符合表3-16的规定,管口端面的倾斜度应符合表3-17的规定。

4.焊接工艺

下面以P35/39P型锅炉过热器为例来说明过热器的焊接工艺。

(1)过热器的基本情况

①过热器管系

低温段:ϕ38 mm×3.5mm,材料:20#钢。

中温段:$\phi 42\ mm \times 3.5mm$,材料:$20^{\#}$钢。

高温段:$\phi 42\ mm \times 3.5mm$,材料:$12Cr1MoV$。

②过热器集箱管接头

低温段:$\phi 38\ mm \times 3.5mm$,材料:$20^{\#}$钢。

中温段:$\phi 42\ mm \times 3.5mm$,材料:$20^{\#}$钢。

高温段:$12Cr1MoV$。

③过热器管计算壁温

低温段:450 ℃。

高温段:490 ℃。

以上材质经光谱检验,确系低碳钢和含 Cr、Mo、V 的合金钢。

(2)焊条、焊丝的选用

焊条、焊丝的选用见表 3-22。

表 3-22　过热器焊接焊条、焊丝选用表

过热器管系部位	钢管材质	焊接方法	选用焊丝
低温段	$20^{\#}$	$c \leqslant 42$ mm 时可用气焊	H08A
高温段	$12Cr1MoV$	气焊	H08CrMoV

选用的焊条焊丝必须有出厂合格证及材质复验证明书。

(3)焊接接头的形式(适用于氩弧焊)

过热器管系氩弧焊(气焊),其焊接接头的形式见表 3-23。

表 3-23　过热器管系气焊焊接接头的形式

接头名称	接头形式	接头尺寸公差			
		S/mm	α	c/mm	P/mm
对接 V 形坡口		≤3.5	70°±5°	(1.5~2)±0.5	1~1.5

(4)焊工的选用及焊前试样

选择有低碳钢、合金钢小口径管对接焊接(包括水平固定焊和垂直固定焊)合格证的焊工。有哪项合格证,就允许其从事哪种材质、哪种规格、哪个位置、哪种焊接方法的焊接工作。

焊工选好后,要求每名焊工对各种不同材质、规格的对接焊缝焊一套试件,然后对试件进行外观检查、射线探伤检查,做拉伸、弯曲等机械性能试验。另外,由于采用氩弧焊,焊接时易产生过烧组织,尽管其低温段壁温等于 450 ℃,但也要做金相检验。经过以上各种检验,哪个焊工哪项合格,就让他上炉施焊哪项。焊前试样的各种检验报告单应存入锅炉安装技术档案中。

（5）管子对接接头的处理及焊丝的处理

管子对接接头（包括集箱上的管接头）在施焊前，必须在焊缝两侧 10～15 mm 宽的环带上清除油污、铁锈等，使其露出金属光泽。焊丝在使用前也要将上面的油、氧化膜除掉，最好用酸洗。

（6）焊缝的外观几何尺寸

①外观几何尺寸应符合表 3－24 的要求。

表 3－24　过热器管对接焊缝外观几何尺寸

工作厚度	3～3.5 mm	备注
焊缝加强高度	1～1.5 mm	不得有凹陷
焊缝宽度	6～7 mm	焊接应盖过每边坡口 1.5～2 m

②对焊缝外观的要求：焊缝的外表面，焊接要均匀，不准有气孔、夹渣、裂纹和弧坑。

咬边深度不超过 0.5 mm，总长度（焊缝两侧之和）不超过管子周长的 1/4，而且不得超过 40 mm。

焊缝高度不得低于母材，焊缝金属应与母材圆滑过渡。

（7）焊接层次及要求

每道焊缝必须两遍焊完，第一遍主要保证焊缝的根部无缺陷，反面成形无焊瘤；第二遍确保外形的几何尺寸和外观无缺陷。每层的起点和终点不得重合。

（8）合金钢焊缝的退火处理

12Cr1MoV 的管子对接口焊缝要进行退火，退火温度为 720～760 ℃，用石棉绳保温缓慢冷却 45 min。

【任务实施】

如图 3－40（见书后附图）所示，按照给定 2×SHL20－1.6－AⅡ型蒸汽锅炉过热器图纸，分析该过热器的结构形式、材质性质，确定过热器施工工艺流程，绘制流程图并编制施工作业指导书。

【复习自查】

1．简述过热器的作用。

2．过热器的类型有哪些？说明任务给定过热器汽水流程。

3．何谓光谱分析？

4．过热器的焊接工艺与水冷壁有何不同？

任务七　锅炉空气预热器安装

【学习目标】

知识目标：

了解空气预热器的结构与工作过程；熟悉空气预热器安装前准备流程。

技能目标：

掌握空气预热器安装方法；善于处理空气预热器与其他工艺交叉施工。

素质目标：

养成创新学习的习惯；建立追求新工艺的胆识。

【任务描述】

给定 2×SHL20－1.6－AⅡ型蒸汽锅炉空气预热器图样。该锅炉空气预热器为管箱式，预热器管子规格为 DN45，材质为普通碳素钢；空气预热器设于省煤器后部，为最后一级受热面，与省煤器由同一钢结构支撑。

【知识导航】

1. 空气预热器的作用及分类

（1）空气预热器的作用

①降低排烟温度，充分利用热能，提高锅炉的热效率。

②提高进给风的温度，促进燃料燃烧。

③使炉膛内热交换进行得比较充分，保持燃烧的稳定性。

④降低了化学不完全燃烧的损失。

（2）空气预热器的种类及结构

空气预热器可分管式空气预热器、板式空气预热器和再生式空气预热器三种形式。

管式空气预热器由若干根有缝钢管管束与管板焊接而成。管子垂直交错排列，构成管箱，砌筑时外面砌上密封墙，安装上风道以构成烟、气通道。管式空气预热器一般采用 $\phi42$ mm 的有缝钢管制造。

板式空气预热器由薄钢板焊制而成，使其形成长方形的盒子，再将若干个盒子组合在一起，就构成了预热器。空气沿横向从盒子内表面流过，而烟气由上向下流动，从而达到热交换的目的。板式空气预热器尽管较管式空气预热器结灰少，但耗用的钢材较多，结构也不紧，焊缝较多且易渗漏，所以现在很少用。

再生式空气预热器的传热面由 12 个扇形部分组成，并且能够旋转。空气预热器的旋转传热面分成烟气流通部分、空气流通部分和密封区部分。烟气在预热器的一边通过并将热量传递给旋转的传热面，面空气却在另一边从相反方向通过传热面，从而完成热交换过程。

这种空气预热器结构紧凑，占地少，耗钢材也少，仅为板式空气预热器的 30% 左右，但漏风严重，使用管理麻烦，多用在大型锅炉上，而在中小型锅炉上很少采用。

2. 安装前的检查与清理

管式空气预热器实质上是一个管排组。它由两块管板及焊在上面的若干根钢管组成。由于空气预热器体积比较大，运输过程中一般都不打包装，因此管孔里易进杂物，并且管子也容易被碰撞变形，所以空气预热器在安装前必须认真清理和检查。

（1）认真检查管板与管子的焊口或胀口，看其有无裂纹、砂眼、松动等缺陷，必要时可做盛水或渗油试验，以保证其严密性。

（2）管子内的灰尘、油污、铁屑等杂物要清刷干净，必要时可采用钢刷逐根清理；

（3）检查管束有无碰弯、压扁的情况，查看管束之间的间隙是否均匀等，如发现问题，及时校正。

3.空气预热器的安装就位

空气预热器在安装就位之前,要对钢架复核一次,经检查,构架的水平度、标高均符合要求,然后再安装就位。空气预热器在安装时要注意以下两点:

(1)钢丝绳不得拴在管束上,应穿在预先准备好的吊环上;

(2)不得将管束碰弯,也不得落入杂物。

钢管式空气预热器的安装应符合表3-25的规定。

表3-25　钢管式空气预热器安装允许偏差表

项目	允许偏差/mm
支承框的水平方向位置	±3
支承框的标高	0 -5
预热器垂直度	高度的1%

安装空气预热器时,要注意热膨胀间隙。当预热器上方无膨胀节(补偿器)时,应留出适当的膨胀间隙。

【任务实施】

如图3-41(见书后附图)所示,按照给定2×SHL20-1.6-AⅡ型蒸汽锅炉空气预热器图样,确定其工艺流程,并制定施工工艺指导书。

【复习自查】

1.空气预热器分为几类?

2.安装空气预热器前需要通球试验,对吗,为什么?

3.空气预热器的安装要素是什么?

4.空气预热器安装检查项目有哪些,标准是什么?

任务八　锅炉炉排安装

【学习目标】

知识目标:

了解锅炉炉排及燃烧设备的构造;熟悉炉排及燃烧设备的安装工艺流程。

技能目标:

掌握链条炉排安装工艺;善于处理炉排故障和运行调整。

素质目标:

养成创新学习的习惯;建立追求新工艺的胆识。

【任务描述】

给定2×SHL20-1.6-AⅡ型蒸汽锅炉链条炉排图样。该炉排由炉排框架、前后滚筒、主链轮和副链轮组成,附件有炉排片、链轴、侧密封等构成,此外还包括减速机构和传动机构。

【知识导航】

1. 炉排的分类及结构

（1）手烧式炉排

手烧式炉排的加煤、拨火、除渣工作都是由人工来完成的。手烧式炉排有固定式条状炉排、固定式板状炉排以及常用在快装炉上的蝶形炉排。

手烧式炉排的结构如图 3 - 42 所示。

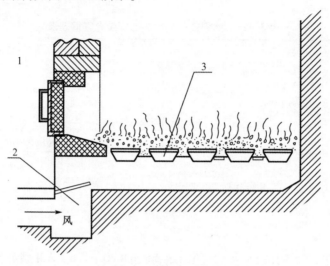

1—炉门；2—进风口；3—炉膛。

图 3 - 42　手烧式炉排的结构

①手烧式炉排的特点

a. 燃烧所需要的空气是从炉排下部进入炉膛的,常分为自然送风和强制送风两种。

b. 间歇式手工加煤出渣,劳动强度大。

c. 由于需要经常打开炉门加煤、清渣、打碎焦块、拨火等,使大量冷空气进入炉膛,因而降低了炉膛温度,影响了燃烧效果。

②手烧式炉排的结构

手烧式炉排结构比较简单。条状炉排的炉条结构如图 3 - 43 所示,在炉条与炉条之间留有 3~15 mm 的通风间隙。这种炉排通风阻力小,可自然通风,但漏煤较多。

图 3 - 44 为板状炉排结构,在板状炉排上开若干个通风孔,虽然工作条件有所改善,但金属耗量增加。

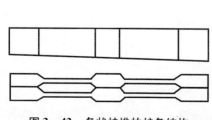

图 3 - 43　条状炉排的炉条结构

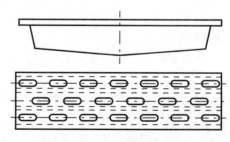

图 3 - 44　板状炉排结构

（2）抛煤机倒转炉排

所谓抛媒机倒转炉排是指抛煤机与倒转链条式炉排组合在一起，比较常用。

①抛煤机的分类

抛煤机主要分为机械抛煤机、风力抛煤机和风力机械抛煤机三大类。

从抛煤机的效果特点看，机械抛煤机可将粗粒煤抛到炉排的远处（后部），细粒煤都落在近处，甚至就落在抛煤机出口之下。风力抛煤机与之相反，只将粗粒煤抛到炉排的前端，而将细粒煤抛到后端。风力机械抛煤机由于同时采用风力吹送、机械播煤两种方式，所以燃料在炉排上的颗粒分布比较均匀，燃烧效果也比前两种好，故在国内应用较多。

②风力机械抛煤机的结构及工作特点

图3-45是风力机械抛煤机。它由抛煤部分和给煤部分组成。抛煤部分又由抛煤转子等组成。抛煤转子在圆柱形槽中。槽外有冷却风道，以防抛爆机过热。冷却风由冷却风喷口喷入炉内，既起到冷却又起到风力抛煤的作用。主要的风力抛煤工作是由播煤风槽的喷口和侧风管喷出的气流来完成的。播煤用风来自锅炉一次风总风管。

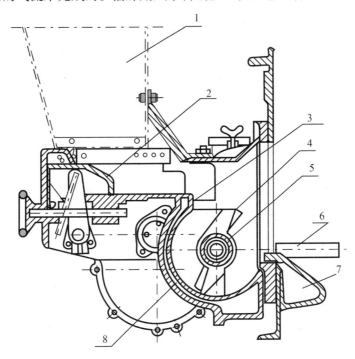

1—给煤斗;2—推煤活塞;3—冷却风喷口;
4—叶片;5—抛煤转子;6—侧风管;7—播煤风槽;8—冷却风道。

图3-45 风力机械抛煤机

由给煤机构送来的煤落入给煤斗中，推煤活塞在电动机的带动下，在调节板上往复运动，将从给煤斗中下来的煤送给抛煤转子，再被转子的叶片抛出。推煤活塞是靠齿轮减速系统和曲柄连杆机构的传递作用，将电机转子的转动变成推煤活塞的往复运动的。

给煤量的调节主要是通过改变推煤活塞的往复运动频率及冲程来实现的；煤粒抛程的调节是通过改变转子的转速或改变调节板的位置来实现的。

（3）链条式炉排

链条式炉排的结构形式很多，应用也较广，一般可分为链带式、鳞片式和横梁式三类。

这里主要介绍链带式炉排和鳞片式炉排的结构及特点。

①链带式炉排

图3-46为链条式炉排的结构,其是链带式炉排的一种。这种炉排的炉排片就像链节一样,整个炉排是用这种"链节"串联成一个宽阔的环形链带。链带由前主动轴及安装在主动轴上的链轮所托动。链带的支撑是靠两侧炉板、前、后轴及托轨等来实现的。

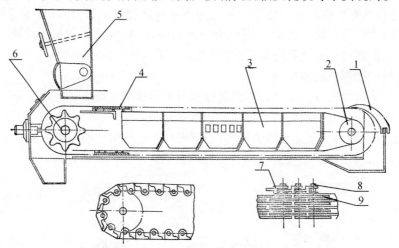

1—老鹰铁;2—托辊轮及从动轮;3—隔风板;4—链带式炉排;
5—给煤斗;6—链轮及主动轮;7—主动连环;8—圆钢拉杆;9—炉排片。

图3-46 链条式炉排结构

炉排片之间是用圆钢拉杆串联在一起的。

链带式炉排的特点如下:

a.结构简单,质量轻,制造、安装都比较方便;

b.主动炉排片承受着拉应力,如果制造时链片之间节距不一致,炉排片就易折断;

c.检修、更换炉排片不方便;

d.炉排通风截面积大,特别是运行一段时间后有磨损,会使通风截面积变得更大,结果导致漏风损失较多;

e.由于炉排片薄厚不一,运行中较易折断,只要有一片折断,就可能使整个炉排的运行受阻,因而不得不停炉更换,造成生产事故。

②鳞片式炉排

鳞片式炉排的结构主要由主动链轮、从动链轮、炉排支架、两侧墙板、铸铁滚筒、夹板、炉排片等零部件组成,如图3-47所示。

用直径较小的圆钢把各组平行工作的炉链串联起来,构成软性结构。炉排片嵌插在夹板之间,前后交叠成鳞片状。夹板用销钉与链条固定,拉杆穿过节距套管和铸铁滚筒,把平行工作的各组炉链和炉排串联起来,使之保持一定的距离。通过铸铁滚筒将炉链、炉排片支承在炉排支架上,并在链轮的带动下沿支架的上支撑面移动。当炉排片运行至炉排尾部时,由于炉排片的自重,便依次一片片地自动翻转过来,倒挂在夹板(手轮板)上,便于清除灰渣和及时冷却。

鳞片式炉排的特点如下:

a.链条、支持件、炉排片三者结为一体,炉排片装拆方便;

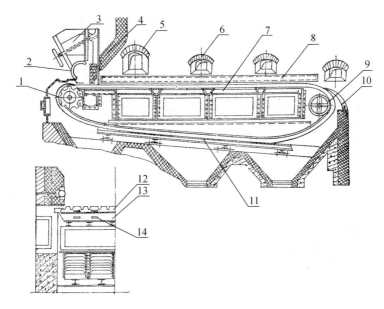

1—主动轴及链轮;2—给煤斗闸门;3—给煤斗;4—给煤闸板;5—人孔;6—拨火孔;7—炉排上支架;
8—集箱;9—从动轮及从动轴;10—老鹰铁;11—炉排下支架;12—炉排片;13—铸铁滚筒;14—夹板。

图3－47　鳞片式炉排结构

b. 炉排片之间的间隙固定,通风均匀,使用比较可靠;

c. 受高温的炉排片不受力,受拉力的链条不受高温,改善了炉排构件的工作条件,降低了构件的破损率;

d. 能够自动清灰;

e. 结构比较复杂,金属耗量增加。

③横梁式炉排

(略)

(4)振动炉排

①振动炉排的结构

振动炉排的结构如图3－48所示。它由上框架、下框架、炉排片、偏振器、拉杆、弹簧等组成。下框架用地脚螺栓固定在基础上。上、下框架之间通过弹簧板连接。因而构成既有一定的刚度,又可使上框架往复振动的结构。通过偏振器的作用,将电机的转动变成上框架的往复振动,以满足锅炉燃烧的需要。

②振动炉排的特点

a. 振动炉排结构简单,制造容易,安装方便,金属耗量较少。

b. 燃料适用范围较广,除强黏结性烟煤外,一般煤种都可燃用。

c. 因受结构限制,这种炉排漏煤和飞灰较多,有时造成炉膛正压喷火或飞灰外漏,所以安装振动炉排时,不要使炉排片之间间隙过大。

d. 炉排的往复振动,对基础和锅炉有一定的影响。因此,在安装调试时,要选择适当的振动频率,使其不要接近厂房、基础的固有振动频率,以免发生共振。

2. 炉排运行常见的故障

锅炉要运行,就离不开燃烧。只有使燃料正常燃烧,才能保证锅炉连续正常地运行。

根据工业锅炉运行的多年实践看,造成停炉事故或运行参数达不到设计要求,多数是由炉排故障引起的,结果给锅炉使用单位带来很大损失和麻烦。

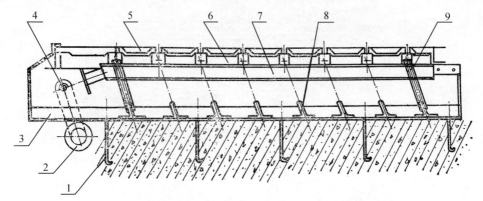

1—地脚螺栓;2—电动机;3—下框架;4—偏振器;5—炉排片;
6—拉杆;7—上框架;8—固定支点;9—弹簧板。

图 3－48　固定交点振动炉排结构

炉排常见的故障主要有:

(1)运行跑偏。其原因主要是前、后轴不在同一平面内;或虽在同一个平面内,但两轴的中心线不互相平行。

(2)炉排片折断。其原因之一是炉排片节距不一样,在同一排内,节距小的受力大,所以先折断;另一个原因则是制造时,耐热铸铁材料脆性大。

(3)炉排片卡死。炉排片折断后,如不及时发现并排除,再继续运行,就容易卡在导轨或其他部位上,造成炉排拉杆被拉弯或卡死不转。

(4)炉排片翻转不灵活,转到正常燃烧位置时,炉排片不平、鼓包、漏风。其原因主要是制造时炉排片轴与夹板孔之间的间隙留得不合适,或安装时没有很好地选配,或安装别劲,造成运转不灵活。

(5)炉排热态运行时,边排炉排片与侧密封板卡住或局部摩擦,将侧密封板刮掉。其主要原因,一是炉排边片与侧密封板之间的热膨胀间隙留得不够;二是侧密封板与炉排边片的制造质量粗糙,有局部凸出的地方。

(6)排片间的间隙不均匀,局部间隙过大,形成进风集中区。

(7)主动轴、从动轴被拉弯变形,影响运行。其原因之一是炉排别劲,带病运行,时间长了被拉弯;另一个原因是减速器轴与炉排主动轴安装不同心。

(8)链轮移位。其原因是键固定得不牢或由于炉排跑偏,拉动链轮移位。

(9)出渣口处,老鹰铁被挤掉或移位。

3.炉排对确保锅炉连续安全运行的意义

保证锅炉运行,要靠燃料在炉排上正常燃烧,并将蒸汽源源不断地输送出去,所以炉排是锅炉的主要部件。由于炉排故障,造成停炉事故,是屡见不鲜的,所以炉排质量的好坏,直接影响着锅炉的连续运行。

(1)炉排的质量好,连续运行时间长,便能提高使用单位的经济效益。

(2)炉排制造、安装质量好,可减少漏风损失,而均匀进风,又可提高燃烧效率。

(3)炉排的连续安全运行,可大大提高锅炉运行的有关参数,这对节省能源、提高锅炉热效率有着重要意义。

（4）炉排质量好，能保持连续运行，减少了停炉次数，便可延长锅炉的使用寿命。

4. 链条炉排的安装

（1）链条炉排构件的检查及合格标准

链条炉排在安装前，必须对各零部件进行详细检查，并将不合格的零部件挑选出来，待处理合格后方可安装使用。

①检查主动轴、从动轴的形状，看其是否有弯曲变形，可用拉钢丝法检查其挠度。如发现变形，应校直后再安装。

②检查型钢构件的长度、弯曲度，看其是否符合表 3 - 26 的规定。

表 3 - 26　链条炉排安装前检查项目及允许偏差表

项目		允许偏差/mm
型钢构件的长度	≤5 m	±2
	>5 m	±4
各链轮中分面与轴线中点间的距离	直线度	长度的 1‰，且全长应小于或等于 5
	旁弯度	
	挠度	
各链轮中分面与轴线中点间的距离		±2
同一轴上相邻两链轮齿尖前后错位		2
同一轴上任意两链轮齿尖前后错位	横梁式	2
	鳞片式	4

③检查各链轮间的距离，使其偏差符合表 3 - 26 的规定，如图 3 - 49 所示。

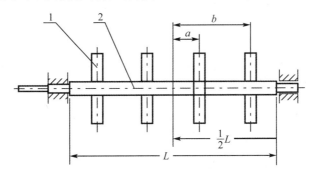

1—链轮；2—主动轴。

图 3 - 49　链轮与主轴中心线中点间的距离

④用拉钢丝法检查各链轮相对应的齿面，看其是否在一条与轴中心线平行的直线上。

（2）炉墙板及导轨的安装

在安装炉墙板及导轨之前，应首先验收预埋件。待预埋件验收合格后，先安装炉墙板。因为炉墙板是整个炉排的骨架，主动轴、从动轴及其他零部件都须与墙板连接和固定。安装墙板及导轨要注意以下几个方面：

①墙板的位置。墙板位置应以基础中心线为基准,向两侧放线,并要兼顾预埋件的位置。

②必须保证墙板的垂直度,要用垂直水平尺找正,使其符合表 3 - 27 的规定。

表 3 - 27　鳞片式炉排、链带式炉排、横梁式炉排安装允许偏差及测量位置

项目			允许偏差/mm	测量位置
炉排中心位置			2	—
左右支架墙板对应点高度差			3	在前、中、后三点测量
墙板垂直度,全高			3	在前、后易测部位测量
墙板间的距离	≤5 m		3	在前、中、后三点测量
	>5 m		5	
墙板间两对角线的长度	≤5 m		4	在上平面拉钢卷尺测量
	>5 m		8	
墙板框的纵向位置			5	—
墙板顶面的纵向水平度			长度的1‰,且不大于5	在前、后测量
两墙板的顶面相对高度差			5	在前、中、后三点测量
各导轨的平面度			5	在前、中、后三点测量
相邻两导轨间的距离			±2	在前、中、后三点测量
前轴、后轴的水平度			长度的1‰且不大于5	—
鳞片式炉排	相邻	两导轨间上表面相对高度	2	
	任意		3	
	相邻导轨间距		±2	
链带式炉排支架上摩擦板工作面的平面度			3	—
横梁式炉排	前、后、中间梁之间高度		≤2	可在各梁上平面测量
	上下导轨中心线位置		≤1	—

注:1. 墙板的检测点宜选在靠近前后轴或其他易测部位的相应墙板顶部,打冲眼测量;

　　2. 各导轨及链带式炉排支架上摩擦板工作面应在同一平面上。

③两侧墙板的平行度、墙板中心线的水平度及对角线不等长度偏差均应符合表 3 - 27 的规定。找正时可在两侧墙板的相关部位打上圆冲孔,并用垂直水平尺、胶管水平仪进行找正。

④待对墙板位置及相关尺寸核定无误后应将墙板牢固地固定。

⑤安装炉排上部导轨时,要注意其上部导轨的不水平度,使其符合表 3 - 27 的规定。

(3)主动轴、从动轴的安装

主动轴与从动轴是支撑炉排片并带动其运动的主要部件,炉排运行跑不跑偏,关键在于炉排主动轴与从动轴的安装,所以应从以下几个方面予以注意:

①安装前,要用拉钢丝的办法对链轮的牙形进行检查,发现凸出的部分应铲出,不合适的地方应修复;

②检查从动轴及固定在从动轴上的托辊轮的位置是否符合图纸要求,是否与主动轴上的链轮位置相对应;

③链轮、托辊轮应分别牢固地固定在主动轴及从动轴上,保证在运行时不移位;

④按图纸要求,留出前、后轴的轴径与轴承间的间隙和轴的膨胀间隙;

⑤调整轴的标高、平行度、水平度,使其符合表3-27的规定。

(4)风箱及除细灰装置的安装

在链条炉排中不论是链带式炉排还是鳞片式炉排,都有风箱及除细灰装置,只是由于炉排长度的不同,风箱的数量也有所不同。安装风箱及除细灰装置要注意以下两个问题:

①注意做好风箱与其他部件连接处的密封工作,要用石棉绳填满并牢固地固定,防止漏风,以求减轻鼓风机的负荷,同时也可大大改善锅炉房的工作环境;

②除细灰装置必须动作灵活,不挤不卡,不漏灰,不漏风。

(5)链条、炉排片及侧密封装置的安装

链条、炉排片在安装之前,必须进行选片和选择炉排片与炉排夹板(手轮板)的配合尺寸。链带式炉排的炉排片都是用耐热铸铁铸成的,两个与圆钢拉杆配合的孔,有的制造厂家是经过机械加工的,有的厂家则是采用铸造孔直接安装的,由于铸造的缺陷,孔的直径 a 和孔中心距 b 有所差异,如图3-50所示。安装前要逐件地对尺寸 a 和尺寸 b 进行测量。炉排片连接尺寸 a 与圆钢拉杆的外径要留有一定的间隙。对尺寸 a 小于或等于圆钢拉杆外径的,不得安装,要进行扩孔或者将尺寸 a 相同的炉排片放在同一排中,按尺寸 a 选配适合的圆钢拉杆。

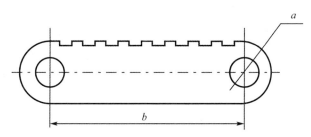

图3-50　链条、炉排片

连接孔中心距 b 的选配更为重要。在对尺寸 b 逐个测量之后,进行选片,将尺寸 b 相同者安装在同一排,以免运行时炉排片被拉断。

排片的平面发生变形的要挑出,不得安装。

鳞片式炉排,要对炉排片、炉排夹板(手轮板)和铸铁筒进行选配(图3-51)。

①铸铁滚筒的选择

a.铸铁滚筒与节距套管之间要留有一定间隙,并要选配合适。

b.铸铁滚筒的外圆柱表面要光滑,其外圆柱体的直径要一致,偏差尺寸应符合图纸,如图3-51所示。

c.铸铁滚筒的长度尺寸 L 要一致,最起码在同一行中的铁滚筒长度尺寸 L 要一致。

②炉排片与炉排夹板(手轮板)的选配

a.炉排片不得有变形和翘曲,凡有翘曲变形者,不得安装,应予更换。

b.炉排夹板(手轮板)的两个侧面应平整、光滑,不得有凸台,炉排夹板与炉排片配合的孔要经过测量和修整,使炉排片能自由翻转。

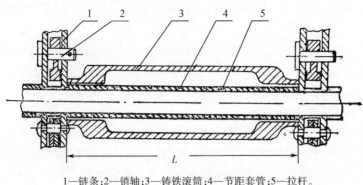

1—链条;2—销轴;3—铸铁滚筒;4—节距套管;5—拉杆。

图 3 –51 铸铁滚筒装配图

炉排片组装完毕后,片与片之间的间隙应均匀一致,炉排面应平整,不得有局部凸起,链节各部分受力应均匀,炉排片应能自由翻转。

③侧密封装置的安装

炉排密封装置的安装对炉排的运行和锅炉的燃烧有着很大的影响。因为在炉排运行时,炉排的运动部分和固定的炉墙板之间存在着相对运动,所以两者之间必须留有一定的间隙,为了防止大量的空气绕过燃烧层从炉排两侧漏入炉膛而影响正常燃烧,因此一定要注意炉排两侧的密封安装质量,不论是采用哪种形式的密封装置,都要满足如下要求:

a.密封性能好,尽量减少漏风量;

b.密封件的固定部分与运动部分不得有碰撞的部位,并且应留有足够的热膨胀间隙。

(6)挡渣器(老鹰铁)的安装

从锅炉运行的实际情况看,挡渣器容易被结焦的炉渣挤掉或因每片挡渣器之间的预留间隙小,受热后挤起拱状,从而影响使用。所以,在安装挡渣器时,片与片之间的间隙应按图纸设计规定留足,并要安装牢固。

(7)传动系统的安装

链条炉排的传动系统大部分是由齿轮变速箱、电机通过联轴器带动主动轴转动,从而使炉排正常运行的。齿轮变速箱的速度,可根据运行的需要进行调整。

安装传动系统要注意以下几个方面:

①要做好基础的验收及清理工作。通过放线确定齿轮箱的位置之后,应看预埋地脚螺栓或预留地脚螺栓孔是否符合设计及安装要求;对不合格处,应进行修整。清理基础表面,找平后用水冲洗干净,以便二次灌注。

②齿轮箱输出轴与炉排主动轴中心线的同心度及联轴器的安装偏差见表3 – 27。

③垫铁的使用及二次灌注应按技术条件执行,具体要求及做法详见"锅炉附属设备的安装"。

④齿轮箱在运行前应打开上盖进行检查,看是否有机械杂物,必要时要解体清洗。

⑤变速应灵活,调节弹簧要调整到适合的高度。

5.炉排的单机试车及调整

炉排安装完毕之后,要进行单机试运行,一般要经连续72 h 的空载运行,确认合格后,才能正式投入运行。炉排的单机运行应在锅炉未砌筑之前进行。

(1)试运行前的准备工作

①检查电机、齿轮箱及传动装置,用管钳盘车,看有无机械阻力及碰撞的部位,检查电机的绝缘程度及接线是否正确。

②清除炉床上下表面及风箱,除去细灰装置中的杂物。

③检查炉排边片与侧密封装置和炉墙板之间是否留有足够的间隙,有无刮碰现象。

④齿轮箱及有关部位应加足够量的机油,各油杯应注满黄油,以保证润滑。

炉排的单机试运行是发现和解决安装中存在问题的有利时机。因此,一定要抓住这个时机,仔细检查,做到及时发现问题,及时解决,防患于未然。

单机试运行主要检查与调整如下几个方面:

①检查炉排是否跑偏,并应调整好前、后轴的水平度及平行度;

②检查炉链张紧程度,调整前、后轴的距离;

③检查炉排片是否运行自如,有无凸起、鼓包现象,有无挤卡现象,调整好炉排片与悬挂固定零件的配合间隙;

④检查运转是否平稳,有无异常声响;

⑤启动鼓风机,检查并调整风箱、侧密封墙板等部位,看其是否漏风;

⑥检查鳞片式炉排的炉排片是否翻转自如,如发现有挤卡现象,应予以调整或更换。

【任务实施】

按照给定 $2 \times SHL20 - 1.6 - A\mathrm{II}$ 型蒸汽锅炉炉排安装任务,结合图纸编制施工作业指导书。

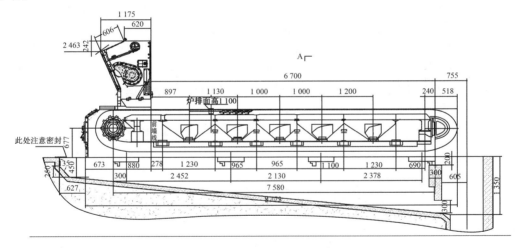

图 3 - 52　20 t/h 蒸汽锅炉链条炉排结构图

【复习自查】

1.链条炉排单车试运行时间及流程是什么?

2.链条炉排安装需要哪些工种配合?

3.燃烧设备与链条炉排的关系是什么?

4.流化床锅炉的燃烧设备如何构成?

任务九　锅炉附件及仪表安装

【学习目标】

知识目标：

了解锅炉附件与热工仪表的类型；精熟各类附件与仪表的构造。

技能目标：

掌握锅炉附件与热工仪表的安装工艺；善于选择锅炉附件与仪表。

素质目标：

养成创新学习的习惯；建立追求新工艺的胆识。

【任务描述】

给定 $2 \times SHL20 - 1.6 - A Ⅱ$ 型蒸汽锅炉附件与热工仪表图纸。该锅炉附件包括安全阀、排污系统，热工仪表包括水位计、压力表、温度计及高低水位报警器等。其中温度计有蒸汽、给水测温、炉膛测温等若干类型。

【知识导航】

锅炉附件是确保锅炉运行必不可少的零部件，是锅炉运行状况的显示装置。操作者将根据这些显示数据，正确调整运行参数，使锅炉经济、安全地运行。锅炉附件必须安装正确，才能确保显示出的数据比较准确，保证锅炉正常运行。

1. 锅炉附件的分类及作用

（1）安全阀的分类及作用

目前工业锅炉常用的安全阀主要有杠杆式安全阀、弹簧式安全阀和静重式安全阀三种，但后一种安全阀使用不多。

图 3 – 53 为杠杆式安全阀，它是由阀体、阀芯、阀杆、重锤等组成的。

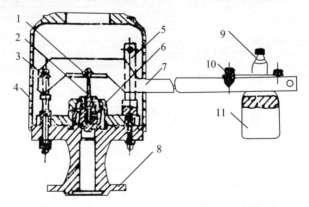

1—力点；2—阀杆；3—支点；4—外套；5—导向杆；6—阀芯；7—杠杆；
8—阀体；9—固定螺丝；10—调节螺丝；11—重锤。

图 3 – 53　杠杆式安全阀

杠杆式安全阀是利用杠杆原理，通过杠杆和阀杆，将重锤的重力矩作用在阀芯上。当该重力矩大于蒸汽通过阀芯作用在杆上的力而产生的托力矩时，通过调整重锤与杆的距离来改变其力矩的大小,从而达到调节安全阀开启压力的目的。这种安全阀结构简单、调整方便、使用可靠,被工业锅炉广泛应用。

弹簧式安全阀是由阀座、阀杆、阀芯、弹簧、阀体等组成的。弹簧式安全阀的工作原理是利用弹簧的压力来平衡蒸汽作用在阀芯上的力。通过调整弹簧的压缩距离来改变弹簧的压力,进而达到改变安全阀开启压力的目的。当调整螺丝往下拧动时,安全阀开启压力增大;反之,安全阀开启压力减小。这种安全阀体积小,灵敏度高,应用范围也很广。

安全阀的作用就在于有效地控制锅筒内的蒸汽压力,使其不超过规定的工作压力,以保证锅炉安全运行。当锅筒内的工作压力超过规定压力时,安全阀自动开启,排出蒸汽并报警,以便操作人员及时采取措施,防止锅炉因超压而发生爆炸事故。

(1)水位表的作用及分类

①水位表的作用

水位表是锅炉重要安全附件之一,它的作用是指示锅筒内水位的高低,以防止锅炉发生满水或缺水事故。锅炉水位过高,会造成蒸汽带水,使蒸汽质量变坏,或在管道内,汽轮机内发生水击现象,引起爆炸的危险。

②水位表的分类

目前,工业锅炉常用的水位表有两种:一种是玻璃管式水位表,另一种是平板玻璃水位表。

平板玻璃水位表由水连接管、水阀门、汽连接管、汽阀门、连接法兰、金属板框、平板玻璃等组成。水位表应用了连通管原理,能够准确指示出锅炉水位的变化情况。

(3)高低水位警报器的作用及分类

①高低水位警报器的作用

高低水位报警器的作用是,当锅炉水位达到最高或最低时,水位报警器能自动发出警报,引起运行人员的注意,以便及时采取措施,防止满水或缺水事故的发生,保证锅炉安全运行。

②高低水位警报器的分类及结构

目前,工业锅炉常用的高低水位警报器分为两大类,即浮子式高低水位警报器和电极式高低水位警报器。下面主要介绍浮子式高低水位警报器。浮子式高低水位警报器分为锅内式和锅外式两种。锅内浮子式高低水位警报器必须停炉才能进行检修,很不方便,所以很少采用。目前应用较多的是锅外浮子式高低水位警报器。

锅外浮子式高低水位警报器是由浮子、连杆、汽阀、汽笛等组成的。其浮子装置在一个水柱内,浮球Ⅰ常沉在水中,浮球Ⅱ悬空。当锅炉水位升高到高水位时,水将浮球Ⅱ托起,右传动杆把高水位阀打开,蒸汽进入汽笛,发出警报声,当水位下降到最低水位时,浮球Ⅰ脱出水面而悬空,由于浮球本身的自重作用而使左传动杆将低水位阀(左汽阀)打开,蒸汽进入汽笛,发出警报声,从而起到了高、低水位报警作用。

(4)压力表的作用及附件

①压力表的作用

压力表是锅炉主要安全附件之一。它的作用是用来指示锅内的压力,通过压力表指示的数值来控制燃料进给量,鼓、引风量及蒸汽变化保持在允许范围之内。如果压力表失灵或指示数不准确,对于锅炉的运行来说是非常危险的。TSG G0001—2012《锅炉安全技术监察规程》规定,没有压力表装置的锅炉不准运行。

②压力表的构造及附件

目前,工业锅炉上多采用弹簧管式压力表,它由刻度盘、小齿轮、指针、游丝、扇形齿轮、表壳、弹簧管、拉杆等零件组成。

弹簧管一端固定在支座上,与管接头相通,另一端是自由端。弹簧管是用弯曲成270°的圆形截面的空心金属管制成的。当介质作用于弹簧管内壁时,其椭圆形截面就要向圆形改变,使弹簧管有伸直的趋势,并随压力大小的变化,伸直的程度也变化,自由端的位移也有所变化。当压力大时,自由端的位移也大,其位移通过拉杆、扇形齿轮、小齿轮的传动,使指针偏转,指示出压力的大小。

压力表的附属零件主要有存水弯管和三通施塞。存水弯管的作用是产生水封,防止蒸汽直接进入压力表弹簧管内而影响压力表读数的准确性和使用寿命。

三通施塞装置在压力表与存水弯管之间,其作用是冲洗存水弯管、水压试验或在校验压力表时,用来装接标准压力表。

(5)排污的目的及排污装置

①排污的目的

在锅炉运行中,锅水中所含的杂质会不断析出,如不及时排出,日久就会结垢,既影响金属受热面传热,又容易烧坏锅炉受热面,所以在锅炉运行中要将浓缩的锅水(杂质及盐类含量较高的锅水)排出一部分,叫作排污。通过排出一部分锅水,再补充进来一部分新水,将锅水冲淡,降低炉水合盐量和杂质,使其符合国家规定的炉水标准,这就是排污的目的。

锅炉的排污,一般分定期排污和表面排污两种。

②定期排污装置

安装在锅炉受压元件最低处的排污装置叫作定期排污装置。定期排污装置由两只串联的排污阀和排污管道组成。排污阀由一只慢开式排污阀和一只快开式排污阀组成。定期排污装置常常安在锅筒、集箱的最低处,进行周期性的排污,以求降低锅水含盐量,排除积聚起来的沉淀物。

③表面排污装置

设在锅筒蒸发面附近的排污装置叫作表面排污装置或连续排污装置。表面排污装置用来排除锅水蒸发表面附近高浓度的盐类和杂质,由截止阀、针形阀和排污管组成。

在锅筒内,沿锅筒的纵向装有直径为 75 ~ 100 mm 的管子,管子上每隔 500 ~ 700 mm,焊接直径为 25 mm、长度为 150 ~ 170 mm 的竖管,在竖管上从上到下开宽 10 ~ 20 mm 的口,竖管上端比锅筒正常水位低 30 ~ 40 mm。锅筒中高浓度的盐类就从竖管吸入,由下面水平管经连续排污管流出。其排污量靠针形阀开启的大小来控制。

为了减少排污热损失,一般将表面排污水引到连续排污膨胀器中,将热量回收。

(6)锅炉用仪表的分类及自动调节

仪表在锅炉运行中是一种重要的监测设备,就像人的眼睛一样。运行操作人员借助各种仪表及时了解水、汽系统,燃烧系统,烟风系统中各部位的运行参数,以便及时调整,确保锅炉安全运行。

工业锅炉运行的自动调节随自动化程度的不同也不一样。常用的自动调节包括:给水自动调节,烟、风量自动调节,炉腔风压自动调节等。

①温度计

温度计是用来测量物体冷热程度的仪表。在工业锅炉运行中,其用来测定给水温度、炉膛温度、进风温度、各段烟气温度等。

常用的温度计分为接触式温度计和非接触式温度计两种。

接触式温度计分为如下几种：

a.液体膨胀式温度计,常用的有水银玻璃温度计和有机液体玻璃温度计等；

b.固体膨胀式温度计；

c.压力式温度计；

d.热电阻温度计；

e.热电偶温度计；

非接触式温度计分为如下几种：

a.光学高温计,测量范围为 700～3 200 ℃；

b.光电高温,测量范围为 200～1 700 ℃；

c.辐射高温计,测量范围为 700～2 000 ℃；

非接触式温度计常用来测量温度较高的部位,比如炉膛温度。

②液位计

在工业锅炉房中,液位计主要用来测定各种不同介质的液位高度。常用的液位计有玻璃管式液位计、平板玻璃液位计、浮球式液位计、差压式液位计、电接点式液位计等。

锅炉水位、除氧水箱水位、凝结水箱、给水箱、连续排污膨胀器的水位测量,都离不开液位计。

③流量计

为了对锅炉房进行经济核算,掌握设备运行的基本参数,常常对给水、蒸汽、软化水、燃料油等进行计量,这就需要选用适合的流量计。

在工业锅炉房中,常用的流量计有以下三种：

a.差压式流量计；

b.转子式流量计；

c.流速式流量计。

④自动调节

随着自动化程度的不断提高,在工业锅炉运行中,自动调节显得越来越重要。

a.给水自动调节

给水自动调节就是使锅炉给水量的变化适应锅炉蒸发量的变化,并使锅炉水位保持在允许范围之内。

锅炉给水自动调节,对减轻工人的繁重劳动,提高蒸汽质量,保证锅炉安全运行是必不可少的。

b.燃烧的自动调节

工业锅炉燃烧的自动调节,对其经济运行有着重要意义。燃烧自动调节的目的在于促使燃料经济的燃烧和供给必要的热量,以满足蒸汽负荷的要求。

2.安全阀安装的技术要求

(1)锅炉必须安装安全阀,对蒸发量 >0.5 t/h 的锅炉,至少要装设两个安全阀(不包括省煤器安全阀)；对蒸发量≤0.5 t/h 的锅炉,至少要安装一个安全阀。

在过热器的出口,再热器的进、出口都必须安装安全阀；省煤器的进口或出口也必须安装安全阀。

(2)安全阀应安装在锅筒、各有关部件集箱的最高位置,应垂直安装。在安全阀与锅筒和安全阀与集箱之间,不允许安装门或接引出管。

（3）安全阀的总排汽能力，必须大于锅炉最大连续蒸发量，但不得使锅炉内蒸汽压力超过设计压力的 1.1 倍。

（4）安全阀应安装排气管，并将排气管直通室外；排气管的直径要选择合适，使其具有足够的截面，保证排汽通畅。

全阀排气管底部应该安装泄水管，以便将排出蒸汽的凝结水疏通到安全地点。在安全阀的排气管及泄水管上，不允许安装阀门及其他任何装置。

（5）省煤器安全阀也应安装排水管，并接至安全地点，排水管上亦不得安装阀门。

（6）几个安全阀共用一根引出短管时，短管的流通截面积应不小于所有安全阀面积的 1.25 倍。

（7）工作压力 $\leqslant 382 \times 10^4$ Pa 的锅炉，安全阀阀座内径应不小于 25 mm，工作压力 $> 382 \times 10^4$ Pa 的锅炉，安全阀阀座内径应不小于 50 mm。

（8）安全阀在安装前应进行清洗和校验，确保各活动部位动作灵活。

（9）安装安全阀时，必须有下列装置：

①杠杆式安全阀要有防止重锤自行移动的装置和限制杠杆越出的导架。

②弹簧式安全阀要有提升把手和防止随意拧动调整螺栓的装置。

③静重式安全阀应有防止重锤飞出的安全装置。

（10）锅筒和过热器上的安全阀应根据制造的要求，按表 3 - 28、表 3 - 29 规定的压力进行调整和校验。

表 3 - 28　蒸汽锅炉安全阀的整定压力

额定工作压力	安全阀的整定压力
$\leqslant 0.8$ MPa	工作压力加 0.03 MPa
	工作压力加 0.05 MPa
$0.8 \sim 3.82$ MPa	工作压力的 1.04 倍
	工作压力的 1.06 倍

注：1. 省煤器安全阀整定压力应为装设地点工作压力的 1.1 倍；

　　2. 表中的工作压力，对于脉冲式安全阀是指冲量接出地点的工作压力，其他类型的安全阀是指安全阀装设地点的工作压力。

表 3 - 29　热水锅炉安全阀的整定压力

安全阀的整定压力	工作压力的 1.12 倍，且不应小于工作压力加 0.07 MPa
	工作压力的 1.14 倍，且不应小于工作压力加 0.1 MPa

①省煤器安全阀校验时，其开启压力应为所在部位工作压力的 1.1 倍。

②安全阀经校验（确定开启压力后）合格，应加锁或铅封。严禁采用加重物、移动重锤将阀芯卡死等手段任意提高安全开启压力。

③安全阀校验的各种数据应认真做好记录，并存入锅炉技术档案。

3. 压力表安装的技术要求

（1）压力表的盘面直径不得太小，应在 100 mm 以上；压力表应安装在便于观察的位置。

（2）压力表的精度等级和量程必须与锅炉的工作压力相配,工作压力 $< 245 \times 10^4$ Pa 的锅炉,压力表的精度等级不得低于 2.5 级;工作压力 $\geqslant 245 \times 10^4$ Pa 的锅炉,压力表的精度等级不得低于 1.5 级。

（3）压力表的量程不得选得太小,一般应是工作压力的 1.5～3 倍,最好选用 2 倍。

（4）每台锅炉必须有与锅筒蒸汽空间相接的压力表,在省煤器出口,过热器出口,再热器进、出口都必须安装压力表。

（5）压力表安装之前必须经标准计量部门校验,并在刻度盘上画出指示工作压力的红线,打上铅封。不经标准计量部门(或标准计量部门授权的校验单位)校验的压力表,不得安装使用。

（6）压力表应安装在便于观察和免受高温、振动、冰冻的地方。

（7）压力表必须安装存水弯管,采用钢制的存水弯管,其内径不得小于 10 mm,采用铜制的存水弯管,其内径不得小于 6 mm;在压力表和存水弯管之间应安装三通旋塞便于清洗、更换压力表和校验压力表。

4. 水位表安装的技术要求

（1）运行的锅炉必须安装水位表,蒸发量 $\leqslant 0.2$ t/h 的锅炉可以安装一个水位表,而蒸发量 > 0.2 t/h 的锅炉至少应安装两个水位表。

（2）水位表的安装位置应便于观察。若水位表距操作地面高于 6 m,应安装低地位水位计。低地位水位计的连接管应单独接到锅筒上,其内径不得小于 18 mm,连接管应保温。

（3）玻璃管式水位表必须安装安全防护装置。

（4）在锅炉运行前水位表上必须画有指示最高与最低安全水位的明显标记。水位表玻璃平板(管)的最低可见边缘应比最低安全水位至少低 25 mm;水位表玻璃平板(管)的最高可见边缘应比最高安全水位至少高 25 mm。

（5）水位表应安装放水阀门和引水管,以便将水引至安全地点。

（6）发量 $\geqslant 2$ t/h 的锅炉,应安装高低水位警报器;警报器的信号应对高、低水位有所区别。

（7）水位表装置应符合下列要求:

①锅炉运行时,能够吹洗和更换玻璃板(管);

②用两个璃板上、下交错并列成一个水位表时,能够不间断地指示水位;

③水位表和锅筒之间的汽水连接管内径不得小于 18 mm,连接管长度 > 500 mm 或有弯曲时,内径应适当放大,以求保证水位表灵敏准确;

④连接管应尽可能短,汽连接管应能自动向水位表疏水,而水连接管亦应能自动向锅筒疏水。

⑤旋塞的内径和玻璃管的内径,都不得小于 8 mm。

（8）在水位表和锅筒之间的汽、水连接管上,如装有阀门,则在正常运行时必须将阀门全开。

5. 排污装置安装的技术要求

（1）在锅筒及每组水冷壁下集箱的最低处,应装排污阀;过热器或再热器集箱,在每组省煤器的最低处亦应装放水阀。有过热器的锅炉一般应装设连续排污装置。

（2）排污阀宜采用闸阀、旋塞阀或斜截止阀。排污阀的公称通径一般为 20～65 mm,卧式火管锅炉锅筒上的排污阀的公称通径不得小于 40 mm。

（3）蒸发量 $\geqslant 1$ t/h 或工作压力 $\geqslant 8$ 个表大气压的锅炉,在排污管上应安装两个串联的排污阀。

(4)每台锅炉都应安装独立的排污管。排污管应尽量减少弯头,保证排污畅通。排污管应接到室外安全地点或排污箱。几台锅炉的定期排污如合用一个总排污管时,一定要有妥善的安全措施,并保证检修其中任何一台锅炉时,其他锅炉的排污水不得串入检修的锅炉。采用有压力的排污箱时,在排污箱上应装安全阀。

6. 高低水位警报器安装的技术要求

(1)高低水位警报器应能够满足锅炉的工作压力和温度的需要;

(2)在汽水连接管上应安装截止阀,当锅炉运行时,阀门应全开,并将其上锁,以免别人拧动;

(3)高低水位警报器的浮球位置应保持垂直灵活,在安装时一定调整好;

(4)高低水位警报器安装完毕后,要与玻璃水位表校对水位,使二者统一,待确认符合要求后,方可使用;

(5)连接高低水位警报器的汽、水连管的直径应不小于32 mm,管子的材料应选用无缝钢管;

(6)电极式高低水位警报器,高低电极或浮桶指示的液位应与锅筒水位相一致。

7. 仪表的校验及安装要求

工业锅炉常用的测量仪表有温度计、压力表、流量计、液位计等。

(1)温度测量仪表

①温度测量仪表的常用类型

工业锅炉中常用的温度仪表有接触式度计、压力式度计、热电阻式温度计、固体膨胀式温度计、热电偶温度计等。

②温度测量仪表安装的技术要求

a. 选择测温点应有代表性,而且位置不受外界因素的影响。

b. 测温元件的感温体应安装在管道或炉腔中烟气流最大处。对各种不同的温度计,其安装位置也不一样,例如膨胀式温度计的测温点的中心应在管道的中心线上,安装水银温度计时,应使水银球处在管道中心线上(图3-54)。

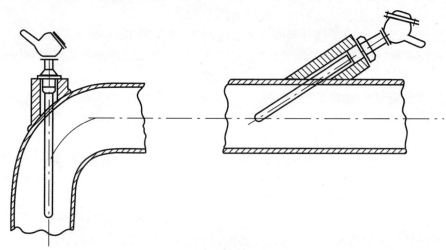

图 3-54 管道中温度计的安装方法

热电偶保护套的末端应越过流束中心线5~10 mm,并且在安装时,应使热电偶接线盒的盖子朝上,以免溅入液体,影响测量的准确性。

压力式温度计的温包中心,应与管道中心线重合,温包应自上向下垂直安装,同时毛细管不应受到"外加"拉力。

c. 测温元件应尽量深入管道或炉膛,以求减少保护套管上的热损失,其露出的部分要尽量短,并要做好保温,保证测量的准确性。

b. 当被测介质有尘粒时(如测量炉膛温度、烟道温度等),为了保护测温元件应安装保护套管,并在里面填充传热较好的介质,如金属屑等。

e. 安装时,要使测温元件与被测介质形成逆流,切不可形成顺流的形式。

(2)压力表、流量计、液位计安装的校验

为了保证测量数据的准确性,压力表、流量计、液位计这些仪表在安装前必须校验。校验应由标准计量单位或由其审查、批准、授权的单位进行,每块仪表都应有校验合格证,并在仪表上做出校验标记。在工业锅炉安装时,对于未经校验的仪表,安装单位应向建设单位提出要求,请建设单位找有关部门进行校验。

【任务实施】

如图3-55(见书后附图)按照给定2×SHL20-1.6-AⅡ型蒸汽锅炉附件及热工仪表图样,确定工艺流程并绘制锅炉附件及热工仪表流程框图,编制液位计、压力表与温度计施工作业指导书。

【复习自查】

1. 锅炉附件与热工仪表有何区别?
2. 安全阀安装有哪些技术要求?
3. 热工仪表分就地和远传,远传仪表的组成如何?
4. 仪表安装与验收有何要求?

任务十　锅炉总体水压试验

【学习目标】

知识目标:

了解锅炉水压试验的准备工作及条件;熟悉锅炉水压试验的技术要求。

技能目标:

掌握锅炉水压试验的步骤;善于按照水压试验标准编制实验报告。

素质目标:

养成创新学习的习惯;建立追求新工艺的胆识。

【任务描述】

给定2×SHL20-1.6-AⅡ型蒸汽锅炉安装过程及项目验收报告,按照报告要求确定是否具备水压试验要求;根据过程记录和验评报告及任务给定锅炉参数情况,分析水压试验条件,确定水压试验方案。

【知识导航】

锅炉水管系统安装完成之后,在砌筑之前要进行水压试验。水压试验的目的是检查所有胀口、焊口质量是否达到合格标准。通过水压试验,发现不合格的胀口和焊口,以便采取有效的补救措施。

1. 水压试验前的准备工作

(1)检查锅筒、集箱内有无安装时使用的工具和其他杂物,检查通完球的管子是否有堵塞,待将锅筒、集箱、管子清理干净后,再将人孔、手孔关严。

(2)清理现场和平台,将与水压试验无关的所有物品全部撤离。

(3)应在不便于检查的焊口和胀口处搭上脚手架,以便检查。

(4)检查所有的胀口和焊口的外观质量,焊缝上药皮没清理干净的一定要清理干净。

(5)关闭所有管道和锅炉本体上的阀门,紧固法兰螺栓,查看垫圈有无位置不正或没安装的。

(6)在安全网接口法兰处要加盲板,因安全阀不参加水压试验。

(7)关闭所有排污阀和放水阀。

(8)打开锅筒上的放气阀和过热器上的安全阀,以便排出锅内空气。

(9)在上锅筒和省煤器出水口处应各安一块经校验、合乎技术要求的压力表。

(10)解决上水来源及加水管道、锅水排放管道及排放地点。

(11)制订水压试验方案,并委派专人负责指挥,各部位的检查人员及分工要明确,指定专人做记录。水压试验应由建设单位、安装单位的有关人员参加,当地技术监督部门和有关部门应参加检查和监督。

2. 水压试验应具备的条件

水压试验除了具备上述在现场的准备工作条件之外,还要具备以下条件:

(1)锅炉本体安装的所有记录、技术签证、备案手续及资料、焊前试样检验结果、焊工合格证及焊前考核证明书、安装前对锅炉制造厂技术资料复查记录、点件及零部件复查记录、施工组织设计等资料都应准备就绪。

(2)应具备水压试验用水的加热增温设施及给水设施,并能保证向锅内供应足够量的、温度合乎要求的试验用水。

(3)水压试验的气候条件。水压试验一般应在周围环境气温 5 ℃以上进行。在北方地区冬季做水压试验时,当气温难以保证 5 ℃时,允许在 - 5 ℃以上进行水压试验,但要求使用热水,并应采取可靠的防冻措施(例如水压试验结束,过热器蛇形管里的水不能全部放出时的处理措施等)。

(4)水压试验用水的温度一般应高于当时、当地的气温。如果进水温度低于气温,则易在管子外壁结露,造成与微量渗水区分不开;水压试验水温过高也不好,由于水温高而迅速蒸发,不利于及时发现问题。一般水压试验的温度应在 20 ~ 30 ℃,最高不得超过 70 ℃。

3. 水压试验的步骤及技术要求

(1)将温度适合的水缓慢加入锅内,进水时间 1 ~ 2 h,上水时,要将锅筒排气阀和过热器安全阀打开,待水位上升到锅炉最高点,即从锅筒排气阀往外冒水时,再关闭所有排气口。在加水过程中应注意观察有无渗漏处,如有渗漏地方,则应及时处理好。

(2)锅水加满,各部位都正常时,方可继续均匀升压。升压速度每分钟不得超过 0.15 MPa。当压力升 0.3 ~ 0.4 MPa 时,便停止升压,检查各部位严密性,并可适当、均匀地紧固一下法兰螺栓、人孔门及手孔螺栓,但要注意安全,以防零件脱出。

(3)继续升压至额定工作压力后暂停升压,检查各胀口、焊口、接口等部位是否有渗漏。

(4)经检查各部位均属正常后,继续升压至试验压力。锅炉在试验压力下应保持 20 min。保压期间压力下降不应超过 0.05 MPa;回降至工作压力,关闭进水阀,停止水压试验泵,进行详细的检查和记录,并在渗漏部位做出标记。

(5)各部位检查完毕后,打开排污阀放水降压,降压时,排污不可开得太大,降压度不得太快,应控制在每分钟降压 0.3 MPa 以内。水压试验之后应将锅炉本体、省煤器、过热器内的积水全部放出,如排不净,则成考虑防冻措施。

(6)省煤器应按上述步骤单独做水压试验。首先关闭省煤器至锅筒给水管路上的阀门和旁路给水管道上的阀门(停止直接向锅筒供水),单独向省煤器给水,并按前面要求的步骤进行水压试。试验压力见表 3-30、表 3-31。

表 3-30　锅炉本体水压试验压力

锅筒工作压力	试验压力
<0.8 MPa	锅筒工作压力的 1.5 倍,但不小于 0.2 MPa
0.8~1.6 MPa	锅筒工作压力加 0.4 MPa
>1.6 MPa	锅筒工作压力的 1.25 倍

表 3-31　锅炉部件水压试验的试验压力

部件名称	试验压力
过热器	与本体水压试验压力相同
再热器	再热器工作压力的 1.5 倍
铸铁省煤器	锅筒工作压力的 1.25 倍加 0.5 MPa
钢管省煤器	锅筒工作压力的 1.5 倍

4.水压试验的合格标准

(1)焊缝、法兰接口处、阀门、人孔、手孔等处均无渗漏;

(2)胀口处降至工作压力后无渗漏,允许有少量的渗水和滴水(含在胀口处,不往下淌,水和滴水的胀口数之和,不超过总胀口数的 3%,滴水胀口数不超过总账口数的 1%);

(3)水压试验后,用肉眼观察,没有发现残余变形。

【任务实施】

按照给定的 2×SHL20-1.6-AⅡ型蒸汽锅炉相关资料,编制锅炉水压试验方案。

【复习自查】

1.锅炉水压试验合格标准有哪些?

2.锅炉本体水压试验压力如何确定?

3.水压试验对气候条件有何要求?

4.水压试验前应如何进行准备工作?

任务十一　锅炉本体砌筑

【学习目标】

知识目标：

了解锅炉砌筑的基本要求；熟悉砌筑材料的选用与保管。

技能目标：

掌握锅炉砌筑的施工方法及操作要点；善于按照砌筑合格标准编制内页。

素质目标：

养成创新学习的习惯；建立追求新工艺的胆识。

【任务描述】

给定 2×SHL20－1.6－AⅡ型蒸汽锅炉砌筑图,该锅炉炉墙为重型炉墙,外部为240 mm 红砖,内衬 250 mm 耐火砖,两砖之间添加硅酸铝板保温层;炉顶采用普通水泥掺岩棉和珍珠岩铺设;锅炉炉拱为耐火混凝土浇筑。

【知识导航】

1. 概述

就锅炉而言,前面章节中所讲的内容只涉及了"锅",而"炉"这部分将在本节介绍。"炉"的作用是将燃料燃烧,使火焰和烟气按布置好的受热面,按一定的烟气流程通道,在炉内进行充分的热交换,最后把烟气排出炉外。由此可见,锅炉燃烧效果的好坏,效率能不能充分发挥出来,均与"炉"的结构和质量有很大关系。

"炉"是在高温且受烟气冲刷的条件下工作的。能否耐高温,炉墙坚固与否,将影响到炉的寿命,也涉及锅炉的连续安全运行,所以炉的质量优劣,事关重大。

2. 砌筑的基本要求

(1)必须保证炉膛、各部烟道、灰渣斗等的几何尺寸。

(2)各部炉墙要有一定的机械强度,炉内的耐火砖要有较好的高温强度。

(3)密封性好,冷空气漏不进炉内,烟气也漏不出炉外,这是保证锅炉正常运行的关键。如果向炉内漏入冷空气,既降低了炉膛温度,浪费了燃料,又增加了引风机的负担,如果向炉外漏烟、漏灰,则整个锅炉房烟尘弥漫,做不到文明生产,直接影响工人的身体健康。

(4)外墙要平整、光滑、造型美观,给人以舒适感。

3. 砌筑材料的选用与保管

要保证砌筑质量,耐火材料和砌筑材料的选用及其质量很重要。

(1)普型耐火砖及异型耐火砖要有出厂质量合格证,其机械强度、抗压力、耐火温度、几何尺寸、棱角规整与否等均要符合设计要求;

(2)保温砖的材质、保温性能、几何尺寸等都直接影响到砌筑质量,因此要按设计要求选用;

(3)红砖质量的好坏直接影响到炉的外观,就像人做衣服一样,选用好的面料做出来的衣服与选用差的面料做出来的衣服,效果大不一样。所以,红砖的质量要严格掌握,既要有足够的强度,又要有合乎尺寸的平面和棱角;

(4)耐火材料是根据炉型的不同、炉膛燃烧温度的不同,而有所差异,它是配制灰浆、起拱发喧的关键材料,对其粒度、耐火温度等要进行严格挑选,品种要按设计要求选取。

(5)砌筑材料和耐火材料的保管要注意做到以下两点:

①除红砖外,都应在室内保管,若在室外保管须用苫布盖好,以防雨淋,受潮湿;

②同类砖型必须单独存放,且不要碰坏棱角。

4.砌筑工程的准备

(1)现场准备及工序移交

锅炉本体验收及现场交接应按 GBJ 211—87《工业锅炉砌筑工程施工及验收规范》的规定执行。锅炉砌筑必须在水压试验合格和检查验收之后进行。所有砌入墙内的零件、受热面管、吊架等的安装质量均应符合设计和砌筑要求。此外还要共同检查基础尺寸、标高、钢架位置、垂直度、前后拱需要挂砖的受热面管间距、平整度,侧墙水冷壁如设计上中间需要夹砖的,也要检查管间距及平整度等。在以上检查确认合格后,方可正式办理移交手续,移交给砌筑工序。

(2)材料准备

根据设计图纸和砌筑说明书准备材料,一般备料达到 70%,方可开工。

(3)设备及工具准备

上料设备、切砖机、小型砂浆搅拌机、振捣器、绑脚手架用的各种材料、灰槽等工具都要事先备齐。

5.施工方法及操作要点

(1)首先做好基础抄平、放线工作,并在钢架上画出砖的层数标志(按现场砖的平均厚度加上灰缝厚度)。

(2)砌筑的一般原则是由下而上,由左至右,由里到外,由前至后,先白(砖)后红(砖)的次序施工。

(3)砌筑前,应根据砌体类别通过试验确定泥浆稠度和加水量,并要检查泥浆的砌筑性能能否满足设计要求。

(4)选砖。为了保证质量,对筑用砖必须进行严格地挑选,使之符合设计要求。

(5)操作要点如下:

①红砖砌体

a.常温下施工时,红砖必须用水浇湿;

b.砌砖必须挂线,经常检查,做到松紧适当;

c.砌砖前应摆砖、排缝;

d.砌砖时应采用一铲灰、一块砖的铺灰挤浆揉砌法,保证灰浆饱满,墙面大角要勤靠、勤吊,保证平直。

②勾缝

a.划缝深度应以 6~8 mm 为宜,如要均匀一致,露出砖的棱角成方口,缝内和墙面打扫干净,不得留有干砂或灰浆;

b.灰缝如有局部不平或瞎缝,应进行开缝,沟缝前要浇水润墙;

c.勾缝以采取叼灰法为宜,凹入深度为 3~4 mm,要使灰缝均匀一致,光滑、平整,立、卧缝均需清理干净,不得漏勾。

③耐火砖砌体

a.炉墙砌筑前必刻挂线,随时注意松紧适当,根据炉墙砌体的砌筑高度,还应采用挂坠吊线的方法,以控制炉墙的垂直度偏差,挂线以离开墙面 2~3 mm 为宜,操作中勤靠、勤吊,

保证墙面平直;

b.砌体所有砖缝应泥浆饱满,为此要采用揉砌法,用木槌或橡胶锤找正,但不得用铁锤或大铲,以防损坏耐火砖的表面;

c.砖的加工面不得朝向炉膛,也不得在砌体上砍、凿砖;

d.砌完后应清扫墙面,保持墙面平整光洁。

④拱喧

a.制作拱胎时,拱胎架设必须符合设计要求,拱脚砖要与洞口尺寸弧度相适应,拱角表面应平整,角度正确,不得用加厚砖缝的方法找平拱角;

b.发喧前应干摆排缝,计算灰缝厚度时,应将干缝厚度计算在内(每个干缝按1 mm计算为宜,特殊情况例外);

c.如受砖型和层数所限,不能满足设计要求时,可以加片,但厚度不应小于3 mm,而且应在喧角处;

d.砌拱应从两侧拱角砖开始,同时向中心对称刷筑,拱喧的放射缝应与半径方向相吻合,纵向缝应砌直;

e.锁砖应在拱的中心位置,砌入拱顶深度为砖长的2/3~3/4,打入锁砖时,应用木槌并垫木块,严禁用铁锤直接打击,不得采用砍掉厚度1/3以上的办法或砍凿长侧面的办法使大面构成楔形的锁砖;

f.锅筒喧应从下部中心开始,以锅筒柱面为导面向两侧砌筑,砌筑时,要注意砖型搭配,以求保证内弧平整。

⑤硅藻土砖砌筑

a.硅藻土砖应采用一铲灰、一块砖满铺满挤的砌法,以求保证泥浆饱满,灰缝不得超过5 mm;

b.需要加工的砖要砍齐,但不得有孔洞。

⑥折烟墙砌筑

a.砌筑折烟墙之前,应检查管子间距和砖的厚度;

b.泥浆应饱满,防止漏烟;

c.每层都要用厚度一致的砖。

⑦保温

a.炉顶密封涂料应按设计施工,如材料有困难,可用石棉灰代替。

b.锅筒石棉灰保温层应分两层抹,第一层抹总厚度的三分之二,第三层抹总厚度的三分之一,第二层加麻刀。水泥层的厚度要符合要求。在抹锅筒封头保温层时,最好在两层之间加一铁丝网。

c.锅炉范围内的管道保温材料应符合设计要求,表面形成应粗细均匀、光滑美观。

⑧膨胀缝

a.膨胀缝处的砌体应均匀平直,缝隙大小应符合设计规定,填充石棉绳的,须将石棉绳夹紧。靠近膨胀缝的硅藻土砖应换用耐火砖砌筑,以防跑火;

b.穿墙管要用粗石棉满缠;

c.砖墙与钢架之间要用石棉绳夹满夹紧或用石格板垫紧。

6.锅护翻筑的合格标准

工业锅炉砌筑的合格标准见表3－32。

表 3 - 32　工业锅炉砌筑质量标准

项次	检查项目		允差/mm	检验方法
1	砖缝厚度	燃烧室	3±1	按砌体部位用塞尺各检查10处
		前、后拱及各类拱门	2±1	
		折烟墙	3±1	
		落灰斗	3±1	
		硅藻土砖砌体	5±2	
		红砖砌体	8±2	
2	炉墙垂直度	每米	3	线检查,每面墙的两端和中间各检查3处
		全长	15	
3	挂砖表面平整度		3	用1米靠尺和楔形塞尺检查1~2处
4	耐火混凝土炉墙表面平整度		3	用1米靠尺和楔形塞尺检查3~5处
5	膨胀缝宽度		$S^{+0.5}$	按砌体部位用尺各检查2~4处

【任务实施】

如图 3 - 56(见书后附图)所示,按照给定任务制定锅炉砌筑施工作业指导书并编制炉墙砌筑合格标准内页。

【复习自查】

1.工业锅炉砌筑合格标准主要检查哪些项目?

2.膨胀缝的施工要求有哪些?

3.炉拱施工操作要点有哪些?

4.锅炉砌筑的基本要求是什么?

【项目小结】

锅炉本体结构件安装是锅炉设备安装技术的核心内容,本项目工艺流程如图 3 - 57 所示。

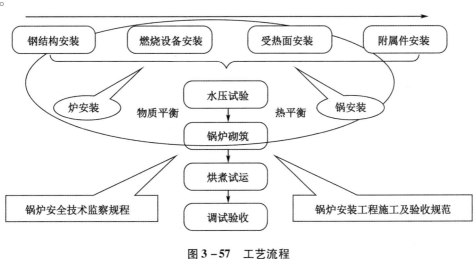

图 3 - 57　工艺流程

设备安装技术是工业生产中的重要工艺,锅炉设备安装技术是设备安装技术的核心,锅炉本体结构件安装是锅炉设备安装技术的重点。

项目四 锅炉附属设备

【项目描述】

工业锅炉附属设备安装包括设备安装与系统安装两大项目,具体有烟风系统及设备安装、除尘系统及设备安装、输煤系统及设备安装、灰渣系统及设备安装、给水系统及设备安装五项任务。

设备安装主要指设备检查、组合、运输、吊装与就位找正五个步骤;系统安装即工艺安装,是指连接设备之间的工艺管道,主要采用法兰连接和焊接两种工艺施工;设备安装工艺一般为钳工工艺,施工组织中主要以钳工为主;系统工艺安装一般为管道工工艺和铆工工艺,施工组织以管道工和铆工为主;每种安装工艺都要辅助以焊工工艺。

本项目以 $2 \times SHL20 - 1.6 - AII$ 型蒸汽锅炉辅助设备安装为主线,重点学习焊接工艺在锅炉辅助设备工艺系统安装中的应用;钳工工艺在锅炉辅助设备安装中的应用及铆工工艺在烟风系统中的应用。同时以锅炉辅助设备为抓手,了解钳工工艺与工序的全过程,进而掌握钳工工艺;以锅炉汽水系统为切入点,明晰工艺管道安装工艺、工序及安装标准;以烟风、除尘系统为重点,精熟烟风道下料、组合等铆工工艺;以灰渣系统设备为标准,了解设备组合工艺;最后熟悉锅炉辅助设备安装过程、工序及检验节点与验收标准。

【教学环境】

教学场地是锅炉设备检修实训室和焊接实训室。学生利用多媒体教室进行理论知识的学习、小组工作计划的制订、实施方案的讨论等;利用实训室进行设备及工艺安装中钳工工艺、铆工工艺、管道工艺和焊接工艺的训练。

任务一 锅炉附属设备的分类

【学习目标】

知识目标:

了解锅炉附属设备类型;熟悉附属设备的特点和作用。

技能目标:

熟悉锅炉附属设备选型;准确定位附属设备安装的意义。

素质目标:

建立良好的职业操守;培养学习与接受新技术的理念。

【任务描述】

给定 $2 \times SHL20 - 1.6 - AII$ 型蒸汽锅炉辅助设备明细,包括烟风系统设备、除尘系统设备、上煤除渣系统设备、汽水系统设备四大类型;锅炉附属设备安装流程主要为基础验收—设备就位、找正—设备组合、安装—设备定位、固定—设备运行、调整等几个步骤。

【知识导航】

1. 锅炉附属设备的分类

锅炉附属设备是锅炉运行必不可少的,主要分如下几类:

(1)鼓风机;

(2)引风机;

(3)二次风机;

(4)烟、风道系统;

(5)除尘器;

(6)给煤系统:包括给煤斗、贮煤仓、煤斗门、煤机、给煤机等;

(7)输煤系统:包括受煤斗、碎煤机、输煤机(皮带输送机、斗式提开机等)、除铁装置;

(8)除灰、除渣设备:主要包括除渣机、灰渣输送机、灰渣池等;

(9)水处理设备:主要包括软化水设备、加盐设备、除氧设备等;

(10)给水设备:主要包括给水泵、加压泵等;

(11)排污设备:主要是连续排污膨胀器。

2. 锅炉附属设备在锅炉运行中的重要意义

锅炉附属设备虽然不像锅炉本体那样重要,但对锅炉运行来说,也是必不可少的。锅炉本体好比人的心脏,而附属设备就像人的动脉血管、静脉血管。锅炉附属设备把有用的物质源源不断地供给锅炉本体,又将废渣、废液不断地排出炉外,这样才能维持锅炉的正常、连续运行。

对锅炉运行来讲,不论附属设备的哪一个环节出了问题,都要影响锅炉运行,甚至导致停炉,给生产带来损失。因此,对锅炉附属设备的安装质量,绝不能有半点疏忽。锅炉附属设备对于维持锅炉的正常运行、提高热效率、提高有效工作时间有着特殊的意义。

【任务实施】

按照给定 2×SHL20-1.6-AⅡ型蒸汽锅炉辅助设备明细进行设备分类,分类原则按照烟风系统、煤渣系统、除尘系统和汽水系统等流动介质来区分,编制设备分类明细表。

【复习自查】

1. 锅炉附属设备分为几种类型?

2. 烟风系统与除尘系统有何关联?

3. 锅炉汽水系统包括哪些内容?

4. 设备安装的意义为何?

任务二　锅炉附属设备安装

【学习目标】

知识目标:

熟知锅炉附属设备的性能;通晓锅炉附属设备的力学特性及振动类型。

技能目标:

掌握锅炉附属设备安装工艺流程;正确制订锅炉附属设备、工艺系统安装工艺方案。

素质目标:

善于积累经验;建立实践与理论结合的理念。

【任务描述】

给定2×SHL20－1.6－AⅡ型蒸汽锅炉辅助设备布置图及工艺流程图,包括烟风、灰渣、除尘、汽水四大系统;烟风与除尘系统包括锅炉送风机、引风机、除尘器等设备及工艺管道,上煤除渣系统包括皮带输送机、斗式提升机等设备,汽水系统包括水处理设备、锅炉给水设备和蒸汽输送设备等工艺管道,工艺管道材质为碳素钢。

【知识导航】

4.1.1 烟风系统及设备安装

锅炉的烟、风道及鼓、引风机是向炉内供给充足的氧气,保证燃料充分燃烧,并将烟气及时排出炉外,使锅炉形成负压,保证锅炉正常运行的一条脉络。

1.鼓、引风机的安装

锅炉的鼓、引风机都属于转速比较高的设备,且又需要连续运行,所以运行中常出现故障或磨损。为了保证安装质量,减少运行中出现问题,在安装时,必须注意以下几个方面(安装图如图4－1所示)。

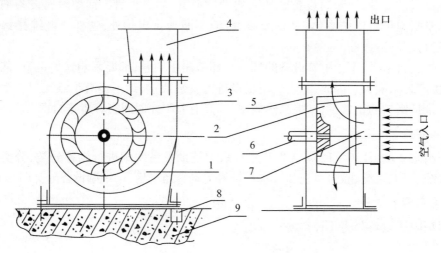

1—机壳;2—叶轮;3—叶片;4—扩散管;5—排气口;
6—轴;7—吸气口;8—地脚螺栓;9—基础。

图4－1 离心风机安装图

(1)清理基础面和地脚螺栓预留孔

要将基础面和地脚螺栓预留孔用水冲刷干净,地脚螺栓预留孔的尺寸和深度应符合设计要求。

(2)检查风机及轴承座基础的质量

安装前应对风机及轴承座基础质量进行全面的检查验收,确认合格后方可安装。基础应检查的项目及合格标准见表4－1。

表 4 - 1　锅炉附属设备基础检查项目及偏差表

项次	检查项目		允差/mm
1	基础坐标位置(纵、横轴线)		±20
2	基础各平面标高		-20 ~ 0
3	基础上平面尺寸		±20
4	凸台上平面尺寸		-20
5	凹穴尺寸		+20
6	基础上平面水平度	每米	5
		全长	10
7	基础铅垂面不铅锤度	每米	5
		全长	10
8	预埋地脚螺栓孔的	中心位置	±10
		深度	0 ~ +20
		孔壁的铅锤度	10
9	预埋地脚螺栓的	标高	0 ~ +20
		中心距(在根部和顶部两处测量)	±20
10	预埋活动地脚螺栓锚板的	标高	0 ~ +20
		中心位置	±5
		水平度(带槽的锚板)	5
		水平度(带孔的锚板)	2

(3)风机、轴承座的就位及联轴器的安装要求

风机安装时,应使风机轴和轴承(或电机)的轴中心在同一水平线上,两轴中心及联轴器安装偏差见表 4 - 2 和图 4 - 2 及图 4 - 3,弹性圈柱销联轴器的端面间隙见表 4 - 3 和图 4 - 4,两轴不同轴度见表 4 - 2。

表 4 - 2　十字滑块和挠性爪的联轴器装配允许偏差

名　称	最大直径 D/mm	两轴的不同轴度不应超过		端面间隙 C/mm
		径向位移/mm	倾斜	
十字滑块和挠性爪形联轴器	≤	0.1	0.8/1 000	—
	>300 ~ 600	0.2	1.2/1 000	—
十字滑块联轴器	<190	—	—	0.5 ~ 0.8
	>190	—	—	1 ~ 1.5
挠性爪形联轴器	<190	—	—	2
	任何直径	—	—	2

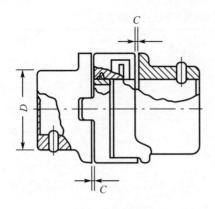

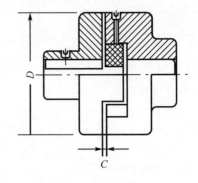

图 4-2　十字滑块联轴器　　　　图 4-3　挠性爪形联轴器

表 4-3　弹性圈柱销联轴器间的端面间隙

轴孔直径 d/mm	标准型			轻型		
	型号	外形最大直径 D/mm	间隙 C/mm	型号	外形最大直径 D/mm	间隙 C/mm
25~28	B_1	120	1~5	Q_1	105	1~4
30~38	B_2	140	1~5	Q_2	120	1~4
35~45	B_3	170	2~6	Q_3	145	1~4
40~55	B_4	190	2~6	Q_4	170	1~5
45~65	B_5	220	2~6	Q_5	200	1~5
50~75	B_6	260	2~8	Q_6	240	2~6
70~95	B_7	330	2~10	Q_7	290	2~6
80~120	B_8	410	2~12	Q_8	350	2~8
100~150	B_9	500	2~15	Q_9	440	2~10

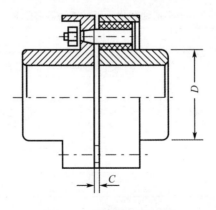

图 4-4　弹性圈柱销联轴

（4）地脚螺栓、垫铁及二次灌浆的要求

①安装地脚螺栓的要求

a. 地脚螺栓的垂直度偏差不得超过 10/1 000；

b. 地脚螺栓距孔壁的距离 a 应大于 15 mm，如图 4 - 5 所示；

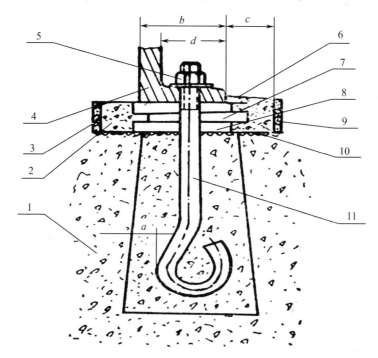

1—地坪或基础；2—灌浆层；3—外模板；4—底座底面；5—螺母；

6—灌浆层斜面；7—成对斜垫铁；8—平垫铁；9—外模板；10—麻面；11—地脚螺栓。

图 4 - 5　地脚螺栓、垫铁和二次灌浆示意图

c. 地脚螺栓的底端不应碰孔底；

d. 地脚螺栓的埋入部分油脂和污垢应清除干净，裸露部分应涂黄；

f. 拧紧螺母后螺栓必须露出螺母 1.5 ~ 5 个螺距；

g. 在二次灌浆达到强度后，再拧紧地脚螺栓。

②安装垫铁的要求

a. 设备的负荷由垫铁组承受，每个地脚螺栓近旁至少有一组垫铁，相邻两垫块组间的距离应在 500 ~ 1 000 mm；

b. 不承受主要负荷的垫铁组，可使用单块斜整铁，斜垫铁下部应有平垫铁；

c. 承受主要负荷的垫铁组，应使用成对垫铁，待找平后用电焊焊牢，钩头式成对斜垫铁组能用灌浆层固定的可不焊；

d. 垫铁下面的基础应打平；

e. 每组垫铁应尽量减少垫铁块数，一般不超过三块，应少用薄垫铁，放置垫铁时将最厚地放在下面，把最薄的放在中间，并将各垫铁焊牢；

f. 每一组禁铁组均应放置平稳，接触良好，找平后每一组垫铁均应承压，用0.25公斤手锤逐组轻轻检查，不得松动。

③二次灌浆的要求

a.灌浆时,溢浆处应清洗干净,浆用细碎石混凝土或水泥砂浆,其标号应比混凝土基础高一级并要认真捣实;

b.灌浆前应安设外模板,而外模板距设备底座底面外缘的距离 c 不应小于 60 mm,如图 4 - 5 所示;

c.灌浆层需承受设备负荷时,应安设内模板。内模板至设备底座底面外缘的距离 b(图 4 - 5)应大于 100 mm,并且不应小于底座底面边宽 d,其高度应约等于底座底面至基础的距离。

④叶轮的安装

风机的叶轮是风机的转子,安装前要进行检查,并要做静平衡试验,对在运输中有变形的部位要进行整形。在叶轮安装时,还应注意调整好叶轮与风机壳的间隙,手盘车时,叶轮不得与风机壳有刮碰的地方。

⑤百叶窗的调整

调整百叶窗,使其达到调节灵活,使用自如的程度,对调整好的百叶窗要在机壳上画出指示开关方向的箭头,还要在机壳上标出与手柄位置相对应的百叶窗开启角度。

⑥其他

风机系统的轴承座冷却水管道必须通畅,保证及时供应冷却水,轴承温度不得高于 70 ℃。风机运转时不应有杂音,手感时不得有振动。

(2)烟风道的安装

①烟风道在安装前检查焊接处是否有开焊的地方,焊缝质量是否合格,必要时可用煤油测试,还要检查其外形尺寸是否符合设计图纸,是否与所要就位的部位实际尺寸相一致,以上检验合格后,方可吊装就位;

②烟风道相互间的法兰接口及烟风道与风机、除尘器的接口法兰处,应用石棉绳或石棉板垫平,用螺栓拧紧,不得渗漏;

③膨胀节的安装应使其膨胀自如,符合设计要求;

④烟风道安装时,切不可强力组对,不合适的部位,该切割的切割,应补焊的补焊。

4.1.2　除尘系统及设备安装

目前,在工业锅炉中使用的除尘器种类比较繁多,但在总体上可分为卧式除尘器和立式除尘器两种;在除尘方式上又分为干式除尘器、水膜除尘器、多管除尘器、布袋除尘器及静电除尘器等。由于除尘器安装在引风机与烟道出口之间,其工作条件比较差,所以对除尘器的安装就更应细心些。

除尘器的安装,基本上与风机的安装相同,所不同的是除尘器没有传动装置。除尘器的安装就位、垫铁的使用方法及找正、地脚螺栓的埋法、二次灌浆等均按风机的安装要求去做,特殊需要注意的有如下几点:

(1)除尘器的使用效果在一定程度上是与安装的位置得当与否有关,安装立式除尘器时必须保证垂直度,立式除尘器自垂直度一股控制在1/1 000;卧式除尘器则要调整底面水平度,其水平度偏差按风机的标准执行。

(2)影响除尘器使用效果的另一个因素就是密封性,所以除尘系统在安装时一定要保证各接口部位的严密性。有的单位做过试验,当除尘系统漏风量为 5% 时,除尘器效率就会下降50%,可见除尘系统安装的严密性是很重要的。

4.1.3　输煤系统及设备安装

工业锅炉房的输煤系统就是把煤从煤场输送到锅炉前面的煤仓中的一整套工作系统。煤系统主要包括筛选、除铁、破碎、计量、输送等部分。图4-6为工业锅炉输煤系统示意图。

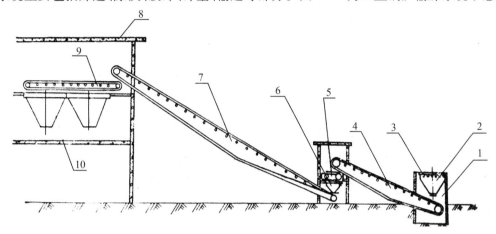

1—受煤坑;2—受煤斗;3—受煤篦子;4——级皮带输送机;5—碎煤机;
6—煤溜槽;7—二级皮带输送机;8—锅炉房;9—水平皮带输送机;10—锅炉煤仓。

图4-6　工业锅炉输煤系统示意图

推土机将煤场的煤推到受煤斗,经受煤篦子将大块煤选出去,而煤粉及小块煤落入受煤斗中,在受媒斗下面装有计量秤,经过计量的煤送入一级皮带输送机,随后进入碎煤机将块煤粉碎,经煤溜槽落入二级皮带输送机,最后由水平皮带输送机把煤送进煤仓。

受煤斗、受煤篦子、煤仓都是由施工单位在现场制作的,按设计图施工即可。下面重点介绍一下皮带输送机及斗式提升机、垂直单斗提升机的安装。

1.胶带输送机的安装

胶带输送机分为固定式和移动式两种,较大一些的工业锅炉房一般都用固定式胶带输送机,下面就以固定式胶带输送机为例,说明胶带输送机安装的技术要求。

(1)机架安装(图4-7)

1—纵机架;2—支架腿。

图4-7　机架安装图

①机架中心线对输送机纵向中心线的不重合度不得超过3 mm;
②支架腿的垂直度偏差不得超过3/1 000;
③纵支架的不直度不应超过长度的1/1 000;

④纵支架接头处左右高低的偏移不应超过 1 mm；

⑤纵支架的间距 L 偏差不应超过 1.5 mm，相对标高差不应超过间距的 2/1 000。

（2）滚筒、托棍的安装

①驱动滚筒的轴心线对输送机纵向中心线的垂直度偏差不得超过 2/1 000；

②托横向中心线对机架横向中心线的重合度偏差不超过 3 mm；

③各托辊的上母线应在同一平面上，其高度偏差不应超过 1.5 mm；

④滚筒和托辊的水平度偏差不得超过 0.5/1 000。

（3）胶带输送机安装的倾斜角度

胶带输送机角度的变化对输送效果有直接影响，角度加大，可减少输送机的长度和占地面积；但角度过大，会使物料下滑，不利于输送。

胶带输送机的倾斜角度见表 4-4。

表 4-4　胶带输送机倾斜角度参考表

输送物料的种类	胶带倾斜角度（最大）
块煤（18 mm 以下）	18°
原煤	20°
细末	20°
煤球	12°
冶金焦炭	17°
湿煤末	22°

由于胶带的倾斜角度对于输送效果影响很大，因此必须严格控制其安装角度。

（4）胶带输送机试运行的合格标准

①托辊、滚筒、挡棍等应转动灵活；

②安全装置和制动装置应灵敏可靠；

③输送带不得跑偏，驱动装置运转平稳。

2. 斗式升机的安装

斗式提升机常用在场地比较小的锅炉房或用煤量较少的锅炉，常见的斗式提升机有多斗提升机（图 4-8）和垂直单斗提升机（图 4-9）

（1）多斗提升机的安装

①提升机机壳的直度偏差不应超过 1/1 000，全高不得超过 15 mm；

②料斗中心线与链子中心线应互相平行，偏差不得超过 5 mm；

③链子与链轮配合灵活，不得有卡住的地方；

④料斗与壳体间应有一定间距，不得互相刮碰。

（2）垂直单斗提升机的安装

垂直单斗提升机（图 4-9）的安装难度较大，安装时要细心，并要注意如下几个方面：

①导轨的平直度不得大于 1/1 000，料车轮在导轨上运动要平稳；

②两根导轨在各个不同的导线上均应保持平行，否则易造成车脱轨；

③导轨支架应安装牢固。

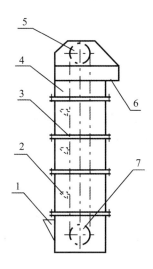

1—进料斗;2—料斗;3—链子;4—壳体;5—拉紧链轮;6—出料口;7—主动链轮。

图4-8　多斗提升机

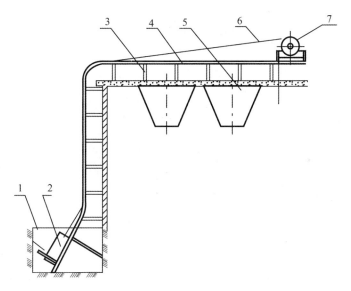

1—受煤斗;2—斗车;3—导轨支架;4—导轨;5—煤仓;6—钢丝绳;7—卷扬机。

图4-9　垂直单斗提升机

4.1.4　灰渣系统及设备安装

工业锅炉的除灰方法分干法和湿法两种。干法除灰是由机械除渣机将灰渣从锅炉炉膛中清理出来,再用牵引车或机动车将灰渣运送到指定地点。图4-10为锅炉常用的湿式框链刮板除渣装置。它由框链刮板、驱动装置、拉紧装置以及混凝土灰槽等组成。除渣效果比较好。

下面主要讲一下安装这种除渣装置的主要技术要求。

(1)框链松紧度要调整适当;

(2)灰渣槽的表面要光滑,能使框链移动自如,不得卡框链刮板;

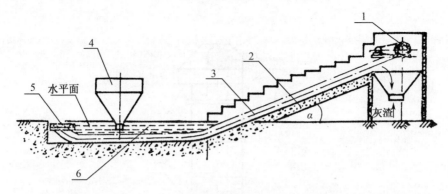

1—驱动装置;2—灰渣槽;3—框链;4—灰渣斗;5—尾部拉紧装置;6—除渣用水。

图4-10　湿式框链刮板除渣装置示意图

(3)α角不得大于30°;

(4)框链刮板在安装前要清理毛刺,将其表面修整光滑。

马丁除渣机也是工业锅炉常用的一种除渣装置,特别是蒸发量在10~35 t/h的锅炉应用较多。马丁除渣机如图4-11所示。这种除渣机运行可靠,结构简单,但机械构造比较复杂。

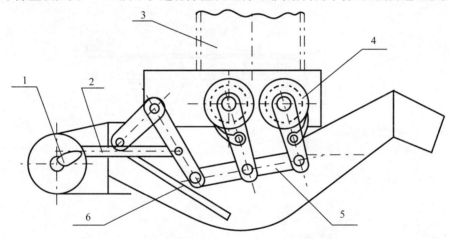

1—偏心轮;2—连杆;3—落灰管;4—齿轮;5—杠杆;6—推灰板。

4-11　马丁除渣机

马丁除渣机安装时,最好解体,应使各活动部位活动灵活、不卡,要清除各零部件的油污,将各活动关节部位配合间隙调整适合并涂油,与落灰管的连接处密封性要好,以免漏风影响除灰效果。

在使用马丁除渣机、斜轮灰机时,往往都需要与胶带输送机配合使用,将灰输送出锅炉房。

4.1.5　给水系统及设备安装

工业锅炉的给水设备主要是电动离心泵,但个别工业炉房也有用汽动往复泵作为备用泵,以防停电。

安装给水设备应注意以下几个方面:

(1)详细查泵基础,使其符合表4-1的规定,然后方可安装。

（2）调整电机轴和泵轴的同心度，可采用适当加薄垫片的方法找正，使两者的不同轴度偏差符合表4-2的规定。

（3）地脚螺栓的安装技术要求按风机安装的要求执行。

（4）联轴器的安装应符合表4-2的规定和表4-3的要求标准。

（5）垫铁的使用及二次灌浆的要求应符合风机安装时对垫铁和二次灌浆的要求。

（6）如属多级给水泵，则应手动盘车检查叶轮与泵壳有无摩擦的地方，如盘车正常可不解体。对单级离心系，可打开泵盖检查泵壳内有无杂物，叶轮与泵壳的间隙是否合适，叶轮有无破损等情况；待拧紧泵盖之后，要手动盘车，以手感轻快并无杂音为好。

（7）接通冷却水装置并调整密封盘根，使其能够正常工作和密封良好。

【任务实施】

按照给定2×SHL20-1.6-AⅡ型蒸汽锅炉辅助设备布置图及工艺流程图，制订如下施工工艺方案：

1. 烟风系统设备安装及工艺管道施工方案；

2. 上煤除渣系统设备安装方案；

3. 汽水系统设备安装及工艺施工方案；

4. 制定不同工艺管道施工焊接工艺指导书及工艺评定。

【复习自查】

1. 风机安装应注意哪些问题？

2. 上煤除渣系统设备安装验收主要注意哪些指标？

3. 给水设备安装应注意哪些事项？

4. 给水工艺管道安装应注意事项？

5. 烟风道安装流程是什么？

【项目小结】

锅炉辅助设备安装技术是锅炉安装技术的重要内容之一，是锅炉运行技术、故障率多少及运行调节性能的关键节点。锅炉辅助设备安装工艺流程如图4-12所示。

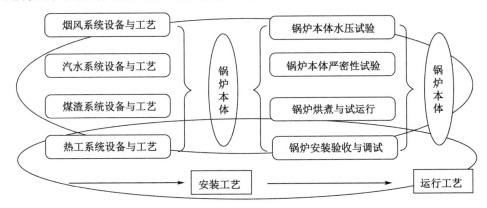

图4-12　锅炉辅助设备安装工艺流程

锅炉辅助设备如同锅炉的眼睛、耳朵、手足，是必不可少的环节，安装中工序井然，工艺精准是必须的。

项目五　锅炉烘煮及严密性试验

【项目描述】

锅炉安装工程是锅炉制造的延续,锅炉及附属设备属于承压设备,其制造与安装均为金属材料的组合过程,锅炉炉墙的砌筑属于建筑构造过程,附属工艺管道、烟风道的安装属于工艺连接与密封过程;金属材料的化学特性包括氧化性能,金属表面易产生铁锈,所以锅炉安装完毕需要煮炉;炉墙的构造过程主要为砌筑,灰浆水分与炉墙内部水分不充分挥发,运行中炉墙易开裂,所以锅炉需要烘炉;锅炉及附属工艺管道是密闭系统,依照锅炉性能需要密封性能良好,所以安装完毕需要严密性试验。

锅炉安装完毕过后,为使运行状况良好,需要进行运行前的烘炉、煮炉及严密性试验。SHL20－1.6－AⅡ型蒸汽锅炉设备安装完毕,运行前进行烘炉、煮炉及严密性实验工艺流程如下:

锅炉烘炉的工艺流程:烘炉前准备(包括单机试运行—膨胀指示器的检查—炉膛清理—临时支撑拆除—测温点选定—水系统检查—煤系统检查—烘炉燃料准备)—烘炉—烘炉结果检查—烘炉曲线绘制。

锅炉煮炉的工艺流程:煮炉前准备(药品和人员、工器具准备)—煮炉(加药、时间控制、取样化验)—降压排污—换水清洗与检查。

锅炉严密性试验工艺流程:严密性试验—安全阀定压—72 h试运行。

本项目的主要内容是锅炉及附属设备安装完毕的烘煮及严密性试验。

【教学环境】

本项目教学环境选择在锅炉设备运行实训室和模型实训室进行,理论方面利用多媒体教室和模型进行学习,实践方面利用锅炉设备运行实训室的设备、场地进行观摩教学和模拟训练。

任务一　锅炉烘炉

【学习目标】

知识目标:

解析锅炉烘炉的目的;熟悉锅炉烘炉的方法与工艺步骤。

技能目标:

熟练进行锅炉烘炉前的准备、烘炉操作;准确地按合格标准进行质量检验。

素质目标:

善于创新学习方法;养成良好的执行工艺标准的习惯。

【任务描述】

现有2×SHL20－1.6－AⅡ型蒸汽锅炉,锅炉汽水系统结构为双锅筒横置式,燃烧设备为链条炉排,炉膛内设置前后拱;受热面包括对流管束和水冷壁;锅炉附属设备、锅炉本体仪表、附件均已安装验收完毕。炉拱浇筑完毕静态养生时间20天,炉墙砌筑完毕约计10天。

【知识导航】

1. 炉的目的及方法

烘炉的目的是使炉墙达到一定的干燥程度,防止锅炉运行时由于炉墙潮湿,急剧受热后膨胀不均匀而造成炉墙开裂;此外烘炉还可使炉墙的灰缝达到比较好的强度。

烘炉的方法目前主要有两种,即火焰烘炉法和蒸汽烘炉法。烘炉时,应根据各种不同的锅炉型号,是轻型炉墙还是重型炉墙,当时、当地的气候条件等因素确定升温曲线。按确定好的升温方案进行烘炉。要注意绘制升温曲线,并将其存入锅炉技术档案。

2. 烘炉前的准备工作

(1)单机试运行

锅炉在点火烘炉之前,应进行单机试运行。现将试运行的时间及合格标准,分别介绍如下。

①往复炉排的冷态单机试运行

启动前手盘车应正常。启动电机,冷态空载运行8 h以上,在运行中炉排各部位应不互相摩擦,空运行正常之后,再进行装煤冷态试运行,要求下煤均匀、不漏煤、不堆积;齿轮箱内齿轮咬合无杂音,不漏油;各部轴承正常,滑动轴承温度不得高于65 ℃,滚动轴承温度不得高于70~80 ℃,确实达到上述条件视为合格。

②链条炉排的单机冷态试运行

试运行前,应清除炉排上及煤斗内的杂物,检查地脚螺栓及连接螺栓,发现松动的,要拧紧;检查转动部分及减速器润滑油是否加足,检查炉排边片和侧密封板的冷态间隙是否符合设计要求。以上项目检查合格后,再启动电机,冷态运行不得少于8 h,要求应用转速最少应在两级以上,运转中无杂音及卡住现象,炉排不跑偏、炉排片不凸起,平稳运转,如属液压传动的,油系统应不漏油。符合上述条件后,由甲、乙双方共同验收,并做好单机试车记录,办理签证手续后,方视为合格。

③抛煤机、给煤机的试运行

抛煤机、给煤机单机试运行不得少于2 h,各运转部位无卡住现象,传动部位噪声应轻微,套筒辊子链与轮应啮合正常,套筒辊子链长度应合适,各部轴承温度应正常,滚动轴承温度不高于70~80 ℃,轴承部位不滴油、冒油,齿轮变速箱啮合正常,振动不得超过0.1 mm,齿轮箱内润滑油不低于规定的油标线。凡符合上述条件者,单机试运行视为合格。

④鼓、引风机的单机试运行

鼓、引风机试运行前,应检查下列项目:

a. 叶轮在机壳内的位置应符合设计尺寸,风机壳进风斗(吸汽口)与叶轮进风口沿圆周各点的间隙应均匀,其轴向与径向的间隙误差不大于3 mm,且不影响转子的轴向膨胀;

b. 风机安装位置应符合设计要求,机壳应垂直,二次灌浆强度达75%以上方可试运转,试运行时转动部分的润滑油应符合设计要求;

c. 轴承冷却水应接通,并须经过39.2×10^4 Pa压力水压试验合格;

d. 烟风道内的杂物及风机周围的杂物应清理干净;

e. 进风挡板开闭灵活,百叶窗各叶板的开启角度应一致,关闭时百叶窗各叶板均应关严,不得有开启或半开启的,操作手柄的开关刻度应与实际相符,并能在任意位置上固定。

以上项目检查合格后,关闭进风门,启动电机,然后慢慢打开风门,逐渐增加负荷。连续试运行的时间,鼓风机不少于 8 h,引风机不少于 2 h。运行中转动部分的轴承无异常响声,温度应正常,滑动轴承温度不高于 65 ℃,滚动轴承的温度不高于 80 ℃。鼓、引风机符合上述条件,单机试运行即为合格。

⑤各运转部分的电气检查及测试

工业锅炉各运转部分的电动机,在单机试运行的时候要对启动器、配电盘进行检查。要在额定负荷下,测量电动机的启动电流和工作电流。工作电流以不超过铭牌规定的电流为合格。在进行检查和测试时,要做好记录,存入锅炉技术档案。

(2)检查锅筒、集箱的热膨胀指示器的安装

如果制造厂没带膨胀指示器,应在锅筒、集箱上便于观察的地方安装临时性的膨胀指示器。

(3)清理炉膛及有关部位

在砌筑时留下的砖头、木块、铁线等杂物应清除干净。

(4)拆掉所有的临时支撑设施

烘炉前,必须将所有的支撑、脚手架等临时设施拆掉。

(5)选定炉墙的测温监测点如果在锅炉技术文件中无有明确的规定,则可在炉墙下列部位选取:

①在燃烧室侧墙中部炉排上方 1.5 ~ 2 m 处;

②在过热器或相当于炉膛出口的两侧墙的中部;

③在省煤器或相当于省煤器位置的烟道口的后墙中部。

(6)检查给水系统及水处理系统的工作情况,如果给水泵经 8 h 连续试运行(至少有 2 h 是有负荷试运行),给水系统及水处理系统均能正常工作。

(7)检查输煤系统

经单机试运行合格。工作正常者,视为合格。

(8)备好烘炉燃料

烘炉前,必须准备好充足的干木柴和其他燃料,链条炉排炉所用的木柴不得有铁钉,以免夹在炉排缝隙中。

3. 烘炉

(1)火焰烘炉法

火焰烘炉法是常用的一种烘炉方法。一般在烘炉前几天,就将烟道门、炉门及引风机百叶窗打开,使其自然通风,干燥数日,以便提高烘炉的效果。

①木柴烘炉阶段

开始点火烘炉前,应关闭所有阀门,但应打开锅筒排气阀,并向锅炉内注入清水,使其达到锅炉运行的最低水位。

用木柴烘炉开始时,靠自然通风,要根据温升情况控制火焰的大小,而后逐渐加大火焰,使过热器或相当于该部位的温度不断提高。

②煤炭烘炉阶段

当用木柴烘炉已不能使过热器的温度再提高的时候,应加煤炭烘炉,并启动炉排及鼓、引风机,使烟气温度不断提高。

③烘炉期间的温度控制。

烘炉期间,控制温度很重要,升温的速度对烘炉的效果有着直接影响。因此,一般都采用测量过热器后部的烟气温度的办法来控制燃料供给量及鼓、引风量等。

对于重型炉墙,第一天温升不得超过50 ℃,以后每天温升不得超过20 ℃,烘炉后期,烟气温度不得超过220 ℃。

对于轻型炉墙,温升每天不得超过80 ℃,烘炉后期不得超过160 ℃。

对热混凝土炉墙,则必须在正常养护期满之后,方可烘炉。温升每小时不得超过10 ℃,烘炉后期温度不得超过160 ℃,而在最高温度范围内烘炉持续时间不得少于24 h。

④控制燃烧火焰

烘炉时,木柴或煤炭的火焰应在炉膛中间,燃烧要均匀,并要定期转动炉排,以防烧坏。

⑤及时排出水蒸气

为了及时排出烘炉期间产生的水蒸气,在烘炉时,应打开上部检查门。当发现炉墙的湿度比较大时,还应减缓升温速度并加强通风,以便使炉墙中的水分及时蒸发并顺利排出。

⑥烘炉时间

烘炉时间一般为7～14天,究竟多少时间适宜,则要根据是轻型炉墙还是重型炉墙,当时、当地的气候条件及炉墙的潮湿情况等因素而具体确定。

(2)蒸汽烘炉法

在有蒸汽条件的地方,也可采用蒸汽烘炉法。

①蒸汽烘炉的要领

在水冷壁集箱的排污阀处,接通压力为29.4×10^4～39.2×10^4 Pa的饱和蒸汽,使蒸汽不断地进入锅炉,将炉水加热,以达到烘烤炉墙的目的;蒸汽烘炉,应使锅炉保持正常水位,水温应保持在90 ℃左右。

②烘炉的时间

对于轻型炉墙,烘炉的时间一般为4～6天,对于重型炉墙,烘炉的时间一般为14～16天。

③烘炉应注意的事项

蒸汽烘炉时,应打开风门、烟道门,加强自然通风;烘炉期间不得间断送气。

另一种蒸汽烘炉法就是在主蒸汽阀门处,接通39.2×10^4～58.8×10^4 Pa压力的饱和蒸汽,用来加热炉膛及炉墙,达到烘炉的目的,锅内的凝结水由水冷壁集箱的排污阀排出,这样既可提高烘炉温度,又可缩短烘炉时间。

不管用哪种蒸汽烘炉法,在烘炉的后期,都可适当加入火焰烘烤,以求保证烘炉的效果。

4.烘炉的合格标准

烘炉的合格标准可执行下面两种方法中的一种。

(1)炉墙灰浆试样法

在燃烧室两侧中部,炉排上方1.5～2 m处(如煤粉炉,可在燃烧器上方1～1.5 m处)和过热器或相当于过热器的位置的两侧炉墙中部,分别取耐火砖和红砖的丁字交叉缝处的灰浆样各50 g,若其含水率小于2.5%,则为合格。

(2)测温法

在燃烧室炉境两侧中部的炉排上方1.5～2 m处(如煤粉炉,可在燃烧器上方1～1.5 m处)的红砖墙外表面向内100 mm处设测温点,当该点的温度达到50 ℃或者在过热器(或相当的位置)两侧炉墙时火砖与隔热层接合处设测温点,而当此点的温度达到100 ℃时,再继续保持48 h为宜。

用测温法烘炉时,要定期观察各观测点的温度,做好记录,并绘出温升曲线,存入锅炉技术档案中。

5.烘炉期间应注意的事项

烘炉是一项细致的工作,需要耐心,不可性急心切,所以烘炉期间,必须注意以下几个问题。

(1)水位的控制

烘炉达到一定温度后,将会产生蒸汽,排污时,水位又要下降,所以一定要及时补充清水,保持正常水位。

(2)间断排污

烘炉初期,为了清除筒内的浮污,要间断地开启连续排污;烘炉的中期,为了排除积留在集箱中的沉污,要每隔一定时间打开一次定期排污阀进行排污。

(3)温度监测

烘炉期间,应按烘炉温度曲线控制温度,并检查炉墙温升情况,做到勤观察、勤记录。

(4)炉墙保护

烘炉期间要尽量少开检查门、看火门、人孔等,防止冷空气进入炉膛,以免使炉墙产生裂纹。切记不要将冷水洒在炉墙上,以免损坏炉墙。

【任务实施】

给定安装完毕的2×SHL20-1.6-AⅡ型蒸汽锅炉,按照任务描述的情景编制锅炉烘炉方案,同时解决如下几方面问题:

1.锅炉烘炉需要准备的材料有哪些?

2.绘制锅炉烘炉温升控制曲线。

【复习自查】

1.锅炉烘炉的目的是什么?

2.锅炉烘炉前准备工作的要点有哪些?

3.锅炉烘炉的方法有几种?

4.锅炉烘炉过程中为什么要控制温升?

任务二 锅炉煮炉

【学习目标】

知识目标:

了解锅炉煮炉的目的;熟悉锅炉煮炉的方法、步骤和基本要求。

技能目标:

熟练进行锅炉煮炉的操作;正确确定锅炉煮炉加药量并能绘制锅炉煮炉控制曲线。

素养:

善于创新学习方法;建立精益求精的职业素养。

【任务描述】

给定安装完毕的2×SHL20-1.6-AⅡ型蒸汽锅炉,锅炉系统水容积包括锅筒及各受热面容纳的水量;本锅炉锅筒为双锅筒,锅筒规格为 ϕ1 236 mm×18 mm,长度为5 290 mm,

锅炉本体容水量约为 21 m³。

【知识导航】

煮炉一般在烘炉后期进行。煮炉之后,不许再向锅炉内注入清水,而必须注入经过水处理的软化水。所以,必须严格掌握煮炉质量。在煮炉期间需要水处理及水质分析的人员密切配合。

1. 煮炉的目的

煮炉的目的就是要清除锅炉受热面内表面的油污及铁锈等杂质,以保证锅炉运行期间的锅内水质,减少结垢,有利于锅炉的运行及水循环。

2. 煮炉前的准备

(1)药品准备

按煮炉加药的配方,准备足够数量的化学药品。各种药品在加入锅炉之前均应加水溶解,切不可将固体药品加入锅内。

(2)人员及工器具准备

参加煮炉的人员确定之后,要给他们明确分工,使他们熟悉煮炉要点。在煮炉之前,要将胶手套、防护眼镜、口罩等防护用品准备齐全,发给他们。

3. 煮炉

(1)加药量的确定

煮炉加药量应符合表 5-1 的规定。

表 5-1　工业锅炉煮炉加药量

药品名称	加药量(kg/m³ 水)	
	铁锈较薄	铁锈较厚
氢氧化钠(NaOH)	2~3	3~4
磷酸三钠(Na₃PO₄·12H₂O)	2~3	3~4

(2)向锅炉内加药

有加药器的锅炉,可通过加药器加药,亦可从上锅筒将药液一次加入。加药时,一定要使锅炉处在最低水位。

(3)煮炉时间及压力要求

①加药后升压至 $2.4 \times 10^4 \sim 39.2 \times 10^4$ Pa 保持 4 h;

②在 $29.4 \times 10^4 \sim 39.2 \times 10^4$ Pa 的压力下,煮炉 12 h;

③在额定工作压力 50% 的情况下,煮炉 12 h;

④在额定工作压力的 75% 条件下,煮炉 12 h;

⑤降压至 $29.4 \times 10^4 \sim 39.2 \times 10^4$ Pa,煮炉 4 h。

(4)取样化验

煮炉期间应不断地进行炉水取样化验,如碱度低于45% 毫克当量每升时,应补充加药。

(5)降压排污

煮炉期间,需要排污时,应将压力降低。

（6）换水、清洗及检查

煮炉结束后，应更换锅炉内的水，凡接触药液的阀门都要清洗，然后打开人孔、手孔进行检查。

4.炉的合格标准

（1）锅筒、集箱内无油垢。

（2）擦去附着物后，金属表面应无锈斑。

5.煮炉中应注意的事项

（1）煮炉期间，锅炉应保持在最高水位，注意不许让药液进入过热器，因为过热器的吹洗和主蒸汽管道一起进行，药液在过热器存留时间较长，对其腐蚀较严重。

（2）在煮炉后期压力已达工作压力的75%，此时已是锅炉的初运行阶段。因此，在升压的过程中，要注意检查各部位的变化情况、膨胀情况，特别要注意检查锅筒、受热面管子、膨胀补偿器、支吊架、炉墙与锅筒、集箱的接触部位等。如发现有异常现象，应停止升压，待查明原因，处理完毕之后，再继续升压。

（3）煮炉期间，应经常检查受压元件、管道、风烟道的密封情况。如发现问题，在压力不超过 39.2×10^4 Pa 时，可随时处理，当压力超过 39.2×10^4 Pa 时，则应对有问题的部位做出标记，待降压后再作处理。

（4）煮炉期间，前后、左右应对称地进行排污。

【任务实施】

给定安装完毕的 $2 \times$ SHL20 - 1.6 - AⅡ型蒸汽锅炉，按照任务描述的情景编制锅炉煮炉方案，同时解决如下几方面问题：

1.锅炉煮炉需要准备的材料有哪些？

2.绘制锅炉煮炉时间 - 温升控制曲线。

【复习自查】

1.如何确定锅炉煮炉用药量？

2.煮炉过程汇总排污为什么要降压？

3.锅炉煮炉的合格标准是什么？

任务三　锅炉严密性试验

【学习目标】

知识目标：

掌握锅炉严密性试验的方法；熟悉锅炉安全阀定压的计算。

技能目标：

熟练进行锅炉严密性试验操作；精准制订锅炉严密性试验方案和安全阀定压方法。

素质目标：

建立良好学习创新的习惯；善于使用新工艺、新技术。

【任务描述】

现有 $2 \times$ SHL20 - 1.6 - AⅡ型蒸汽锅炉，锅炉安装完毕后进行了锅炉的烘炉和煮炉，同时全面地检查了人孔、手孔、焊口等易渗漏部位;锅炉的结构包括燃烧部分:链条炉排燃烧设备、炉膛和尾部烟道,汽水部分:锅筒、各受热面;锅炉各部位膨胀指示器安装完毕。

【知识导航】

1. 严密性试验及过热器吹扫

煮炉之后应立即进行严密性试验,将锅炉缓慢加压至工作压力后,做下面几个方面的工作及检查:

(1)有过热器的锅炉,当压力升至工作压力的75%时,便开始吹扫过热器及主蒸汽管路。吹扫时要有一定的流量及流速,吹扫时间不得少于15 min。

(2)检查锅炉的各胀口、焊口(可见部分)、人孔、手孔、门、法兰盘处的严密性。

(3)检查锅筒、集箱、管路等的热膨胀与支吊架位移以及受力状况是否符合要求。

(4)检查风、烟道系统的严密性,发现有渗漏的部位,应及时进行处理。

2. 安全阀定压

在严密性检查并做出处理之后,要进行安全阀定压(也有叫安全阀定坨的)。安全阀定压应由建设单位与安装单位的有关同志共同进行,并要做好安全定压记录。

安全阀定压必须具有最高开启压力与最低开启压力,不得只定同一开启压力。安全定压应符合规定。

安全阀定压均以锅筒上的压力表为准。调整时,应先调整开启压力最高的,然后依次调整开启压力较低的安全阀。

安全阀定压之后,对于杠杆式安全阀应设有限制重锤位移的装置,并将其锁好或打上铅封,以防随意移动。对于弹簧式安全阀,应将弹簧调节螺帽锁好。锅炉运行时,应经常检查安全阀开启压力是否准确,动作是否灵活。

【任务实施】

给定安装完毕的2×SHL20 - 1.6 - AⅡ型蒸汽锅炉,按照任务描述的情景编制锅炉严密性实验方案,同时解决如下几方面问题:

1. 锅炉严密性试验需要具备哪些条件?

2. 本项目安全阀定压压力是多少?

【复习自查】

1. 锅炉严密性试验的步骤有哪些?

2. 锅炉严密性试验检查项目的节点有哪些?

3. 该锅炉安全阀定压的标准如何确定?

任务四 锅炉冷态试运行

【学习目标】

知识目标:

了解锅炉冷态试运行的目的;熟悉锅炉冷态试运行的内容。

技能目标:

掌握锅炉冷态试运行的操作流程;善于进行锅炉冷态试运行的调节。

素质目标：

养成创新学习的习惯；建立追求新工艺的胆识。

【任务描述】

给定 $2 \times SHL20 - 1.6 - A \, II$ 型蒸汽锅炉，锅炉本体、附属设备安装完毕并进行了锅炉的烘炉、煮炉操作，检验合格后又进行了严密性试验和安全阀定压；上述所有项目验收合格，按照要求进入 72 h 冷态试运行阶段。

【知识导航】

待确认上述各项工作合格后，进行 72 h 全负荷试运行。在未达到全负荷之前，增加负荷要缓慢进行，并做好如下几项工作。

（1）检查各部位的运行情况，查看油位、轴承温升、运行电流、振动、冷却水等是否正常。

（2）检查在全负荷情况下的各部位热膨胀情况，特别要注意炉排与侧密封板、炉排与下集箱的间隙等。

（3）检查炉排是否跑偏，运转是否正常。

（4）查看运行时各系统是否协调，找出其中的薄弱环节，予以调节。

（5）注意观察各部位的运行情况，做好 72 h 试运行情况的详细记录，并将其存入锅炉技术档案中。

【任务实施】

给定安装完毕的 $2 \times SHL20 - 1.6 - A \, II$ 型蒸汽锅炉，按照任务描述的情景编制锅炉冷态试运行方案，同时解决如下几方面问题：

1. 锅炉冷态试运行和单机试运行有何区别？

2. 锅炉冷态试运行需要调节各方面的参数吗？

【复习自查】

1. 为何需要进行锅炉冷态试运行？

2. 锅炉冷态试运行的内容有哪些？

3. 锅炉冷态试运行是锅炉与附属设备的联机运行吗？

【项目小结】

锅炉烘煮与冷态试运行是锅炉安装完毕，投入运行前最后一道工序，该项目的完成质量既关系到安装过程的完整性，又关系到锅炉设备安装质量的优劣，同时也是下面运行环节的重要保障。

锅炉烘煮决定了锅炉运行中严密性、换热能力问题；锅炉冷态试运行决定了锅炉运行中的故障率问题；此项目的质量是保证运行效果的关键。

项目六　锅炉安装的质量检验

【项目描述】

工业锅炉的检验分为制造检验、安装检验和运行锅炉的定期检验三种模式;通过锅炉检验,可以及时发现制造、安装、运行中存在的质量问题、结构问题、设计问题和制造、安装与运行中的破损程度等问题,以便及时采取措施,消除隐患,确保锅炉安全运行。

锅炉检验,无论是制造、安装,还是运行,都需要在各级质量监督部门,即特种设备监督检验机构的监督并参与下,由制造单位、安装单位和使用单位分别进行检验,而后联合检查,最后由特种设备监督检验机构定论并下达相关合格文件。

工业锅炉的检验,对保证锅炉质量,确保锅炉安全运行和国家财产、人民生命安全具有重要意义。

本项目主要学习三项任务:锅炉安装的检验方法、锅炉安装前的质量复验和锅炉安装检验与标准。

锅炉安装的检验方法:锅炉安装的检验方法重点介绍锅炉安装检验常用工器具和外观检验法、无损探伤法、水压试验法、钻孔检验法和理化检验法五种检验方法。其中,无损探伤法包括射线探伤法、超声波探伤法和磁粉探伤法。

锅炉安装前的质量复验:安装前的检验主要是对锅炉制造的复验。由于锅炉安装是制造工作的延续,锅炉制造和锅炉安装是在两个不同的场所进行的,制造完毕需要运输到施工现场,所以安装前的检验既是对制造过程的复查,又是对制造到运输过程的检验,严密的保证锅炉制造、安装质量。

锅炉安装检验与标准:安装检验是指从安装单位的资质、安装过程的质量保证体系到安装审批、工艺流程,直至安装过程质量进行检验。重点在于安装过程的质量检验和检验标准。

通过本项目的学习,掌握各类检验方法及其在生产过程中所处的环节,同时了解不同检验方法的标准、检验手段、设备工具的使用等。

【教学环境】

锅炉安装检验工作是随着安装过程进行的,本项目教学环境在多媒体教室学习了解检验的理论基础知识;在锅炉设备检修实训室和焊接实训室学习制造过程质量检验环节内容;在企业探伤车间观摩无损探伤技术等。

任务一　锅炉安装的检验方法

【学习目标】

知识目标:

了解锅炉安装过程中的检验方法;解析锅炉不同阶段检验方法的应用和使用的工器具。

技能目标：

熟练进行安装过程中各环节、各部件的外观检验；熟练进行锅炉水压试验等。

素质目标：

善于进行锅炉质量检验方法的综合；形成创新意识。

【任务描述】

给定 $2 \times SHL20 - 1.6 - A \, II$ 型蒸汽锅炉及附属设备安装项目，安装内容包括施工前准备、施工过程和试运行及施工验收几个环节；其中安装过程包括锅炉钢结构安装、锅炉本体结构安装、燃烧设备安装、锅炉砌筑、锅炉附属设备安装等内容；每项内容均有计划工期和施工方案。按此内容进行锅炉安装检验方法的计划制订。

【知识导航】

工业锅炉的检验，不论是制造检验、安装检验，还是运行检验，都需借助各种工具和仪器用肉眼去观察，看锅炉产品是否符合 TSG G0001—2012《锅炉安全技术监察规程》的规定，是否符合 GB 50273—2009《锅炉安装工程施工及验收规范》的要求。

6.1.1 外观检验法

外观检验是锅炉检验的基本方法。一般都是先进行外观检查，然后再根据不同的情况，分别确定采取哪种方法进行更深入的检验。

外观检验时，可以借助于放大镜、各种直尺、钢卷尺、焊缝检验尺、卡钳、游标卡尺、测厚仪、塞尺、手锤、粉线、铅锤等量具及工具，检查下列内容。

1. 外观几何尺寸的检查

外观几何尺寸检查主要是检查锅筒、集箱、受热面管子、钢架、炉排等各部位的外观几何尺寸，包括检查锅筒、集箱的挠度、弯曲管子的外形及变形情况、钢架的长度、扭曲、托架的位置、炉排各零部件的几何尺寸等。

对锅筒、集箱的管孔或接头的位置、管接头方位、同线度等也应进行检查。

2. 制造、安装的焊缝检查

（1）检查受压元件的制造、安装焊缝

在检查受压元件的焊时，对制造及安装的焊缝都应检查。

①查看焊缝的宽度、高度是否符合要求，焊缝金属是否与母材圆滑过渡；

②查看焊缝及热影响区有无气孔、裂纹、弧坑和夹渣；

③查看焊缝的咬边深度及长度是否符合《锅炉安全技术监察规程》的规定。

（2）检查受热面之外的其他构件的焊缝

锅炉除受压元件以外的其他焊缝，均承受着各种动荷、静荷或交变载荷的作用力，有的构件还得在较高的温度下工作，所以对其焊缝容不得半点忽视，必须严格检查其外观尺寸，看其有无夹渣、气孔、裂纹、弧坑等缺陷，做到及时发现，及时处理。

（3）检查锅筒、集箱、受热面管子的本体及焊缝的腐蚀程度

①严重腐蚀时，要测出其腐蚀深度、面积；

②焊缝的腐蚀，特别是在焊缝与母材结合处，应在原咬边基础上，将腐蚀程度——深度、长度分别测出；

③在运行一段之后，检查焊缝有无裂纹出现，弄清裂纹的长度及形状；

④查清管端的腐蚀情况,特别是管子与锅筒结合的根部,要测出其壁厚;

⑤查明受热面元件的结垢情况,测出结垢厚度,特别是结垢后的管内径还剩多少、占原管内径的百分比。

3. 受热面元件及其组合件的检验

对受热面元件及组合件要进行如下内容的外观检查:

(1)集箱的相互位置是否正确;

(2)管排及管间距是否符合规范要求;

(3)管子对接口的错位及弯折度;

(4)管夹子或支吊架是否按 GB 50273—2009《锅炉安装工程施工及验收规范》的要求固定及支撑的,是否留有膨胀间隙;

(5)受压元件的形状及各部位尺寸是否符合锅炉管子的制造技术条件。

4. 炉墙、炉拱的检验

检查炉墙、炉拱的墙面平直度、砖缝灰口厚度和密封情况,检查炉拱及炉墙的烧损、磨损程度。

5. 密封性能检险

检查风、烟道和风箱的密封间隙及接合部位的密封性。

锅炉的外观检验还可借助手电筒、直板尺等工具测量其腐蚀深度,如图 6-1、图 6-2 所示。图 6-1 为用手电筒在锅筒内壁的一端水平照射,在有腐蚀的部位呈现出阴影。在检查锅炉腐位部位时,应用检验锤将积在表面的污垢打下去,使其表面露出金属光泽,这样,测量才能准确。

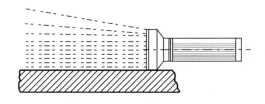

图 6-1 用光线直照检查腐蚀坑

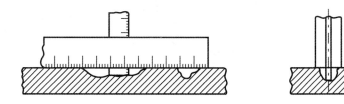

图 6-2 用直板尺和深度游标卡尺测量腐蚀深度

腐蚀的深度可用直板尺和深度游标卡尺来测量,如图 6-2 所示。

测量管排、管间距可采用挂线法或拉钢丝法,测量锅筒、集箱挠度,钢架的弯曲度,可采用拉钢丝法或用直板尺测量。总之,锅炉外观检验方法很多,可根据现场情况而定。

6.1.2 无损探伤法

无损探伤就是在不损坏锅炉元件的前提下,用仪器发现肉眼所观察不到的锅炉元件的缺陷。

工业锅炉检验中常用的无损探伤法主要有如下几种:射线探伤、超声波探伤、磁粉探伤和液体渗透探伤。

1. 射线探伤

射线探伤检验主要分两种,一种是 X 射线探伤,另一种是 γ 射线探伤。X 射线探伤适用于中小型锅炉制造厂和安装现场。因为 X 射线探伤机的功率较小,对钢材的穿透能力在 60 mm 以下,同时对人体的危害也就相应地小些。

γ 射线对金属材料的穿透能力较强,一般可达 300 mm 左右,常用于高压或超高压锅炉的制造检查。

射线是一种电磁波。它具有穿透可见光的能力,能使感光胶片感光,所以常用于锅炉、压力容器的制造及安装的检验工作上。通过射线探伤能检查出金属本体、焊缝金属的裂纹、气孔、未焊透、夹渣等缺陷。

(1)X 射线探伤

X 射线探伤机分为台式和携带式两种。台式 X 射线探伤机常用于锅炉制造单位;携带式 X 射线探伤机在安装现场用得较多。

X 射线探伤的原理就是,用 X 射线管发生高速电子流,而高速电子流撞击金属靶,从而产生 X 射线。X 射线机主要由 X 射线发生器和控制器两大部分组成,并通过低压电缆连接。X 射线发生器由 X 射线管、高压发生器、灯丝变压器、温度保护装置、冷却装置等组成。控制器则由自耦变压器、继电器、电流计、电压计、保护装置、计时器和各种控制按钮组成。图 6-3 为携带式 X 射线探伤机的控制器。

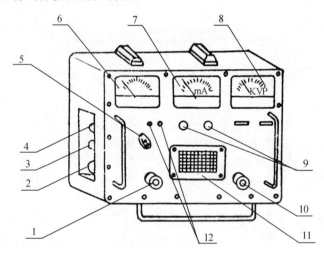

1—毫安调节旋钮;2—信号灯插座;3—X 射线发生器插座;4—电源插座;5—电源转换开关;6—计时器;
7—毫安表;8—KVP 表;9—高压开关按钮;10—KVP 调节旋钮;11—曝光曲线表;12—熔断丝座。

图 6-3 携带式 X 射线探伤机的控制器

目前常用的 X 射线机有 TX-1505、TX-2005、TX2505、TX-3005、TX-1605-2、TX-2005-2、TX-2507 等。

射线探伤可以通过底片分析、判断缺陷的有无、缺陷的性质、缺陷的发展趋向等。该机使用非常方便。

（2）γ射线探伤

γ射线探伤在我国应用得不多。γ射线是利用放射性元素（如铀、钍、镭等）自行放射发生的。其穿透能力较强，也能用于比较狭小的方位，但对防护工作要求比较严格，否则，必危害人体。

2. 超声波探伤

超声波探伤的原理就是利用一种频率高于 20 000 Hz 的振动波（这种波人的听觉听不到，但对大多数材料，包括钢材、具有穿透、反射和折射的作用），通过超声波探伤仪，将反射波的波高、波形的变化，显示在超声波探伤仪的荧光屏上。当钢材中不存在缺陷时，脉冲波由发射器送到另一侧后，就反射回来，被接收器接收，并在荧光屏上显示出垂直线型的尖峰。当有缺陷时，钢板的表面就把局部能量反射回来，来自缺陷处的脉冲，就提前显示在荧光屏上。人们根据波形的不同来判断缺陷的性质。

超声波探伤的特点是：设备轻便，便于携带，适合安装现场使用；检验费用低，对人体无害；灵敏度高。其缺点是：和射线探伤相比，观察不直观，对缺陷的定性、定量识别难度较大，需要有经验的同志才能得出比较准确的结果，检查结果不能记录保存；对表面粗糙、形状复杂的零部件不太容易检查其缺陷，或者检查的不准。

按 TSG G0001—2012《锅炉安全技术监察规程》的规定，超声波探伤应符合 JB/T 10061—1999《A 型脉冲反射式超声探伤仪通用技术条件》的要求，在使用时要注意解决以下几个问题：

（1）被探测的表画必须打磨干净，直到露出金属光泽为止，同时被打磨的平面要平整；

（2）探头和金属板表面应涂上耦合剂；

（3）探伤时，探头与金属表面应接触良好，探头在工件表面的移动速度应均匀；

（4）要由具有一定实践经验和操作熟练的操作人员操作，以保证得到比较准确的探伤结果。

超声波除了能探伤外，在工业锅炉的制造、安装过程中，还常用来测定金属板的厚度。用来测厚的超声仪器叫作超声波测厚仪。在运行锅炉元件腐蚀后，在用机械量具不方便测量的情况下，常用超声波测厚仪测定金属壁厚。测定时，对金属表面的处理要求和超声波探伤仪相同。

3. 磁粉探伤

磁粉探伤属于金属的表面探伤，在工业锅炉检验中，应用得比较早，也比较普通。磁粉探伤的原理是，通过磁粉探伤机产生的磁场使被探伤的部位磁化后，向其表面喷洒磁粉，根据磁粉在被探测表面的分布情况，查出缺陷的有无、缺陷的大小、缺陷产生的部位等。磁粉探伤适用于检验磁导性较好的金属材料，如钢、铁等。磁粉探伤时，如果表面无缺陷，喷洒上去的磁粉呈均匀分布状，当被探测的金属表面有缺陷时，在该处的磁粉堆积的就较多，便于肉眼观察。

磁粉探伤用于检查金属表面或接近表面的表层缺陷，如裂纹、夹渣、夹层、折叠等，至于离表面稍远的内部缺陷，磁粉探伤则是无能为力的。

（1）磁粉探伤的分类

磁粉探伤按我国的应用情况，可分为以下几类：

①按磁化所用的电流，可分为直流磁化法和交流磁化法两种；

②按磁粉的配制方法，可分为干粉法和湿粉法两种；

③按检验零部件磁化方向的不同,则可分为纵向磁化法、周向磁化法、旋转磁化法、纵向、周向联合磁化法。

磁粉探伤所用的探伤机,目前主要是国产的 TCM – 3000 和 TC – 500 到 TC – 12500 等型号。

磁粉探伤所用的磁粉是经过专门加工、符合一定要求的粒状金属物,通常由四氧化三铁(Fe_3O_4)和红色 γ – 氧化铁(γ – Fe_2O_3)组成。探伤用磁粉要求有一定的粒度,通常在5 ~ 10 μm,不得大于 50 μm。

采用磁粉探伤时,对磁痕的分析是关键的一环,就像射线探伤评定底胶片一样。

(2)磁痕的分类

①正常磁痕

无缺陷时,磁痕均匀而有规则地排列。

②缺陷磁痕

缺陷磁痕可分为三种,根据其缺陷的不同,其磁痕的形状也不同,评定时须参考专门的资料。常见的缺陷磁痕有:

a. 在材料表面或接近表面的地方因夹渣、气孔而形成的点状磁痕;

b. 各种工艺缺陷,主要是在淬火、冲压、铸造、锻造、冷加工等过程形成的缺陷引起的磁痕;

c. 材料夹渣缺陷引起的条纵状磁痕。

③伪缺陷磁痕

伪缺陷磁痕,顾名思义,本不是真正的缺陷,但表面形成的磁痕却与缺陷磁痕极其相似。这种磁痕的形成主要是由于材料的局部冷作硬化、表面不清洁、碳化物层状组织偏析等原因造成的。所以在磁痕评定时,要充分考虑工艺措施的因素引起的伪磁痕,以求正确判断缺陷,准确区分出真、伪磁痕。

在工业锅炉检验中,磁粉探伤还可用于检查锅筒管孔周圆的裂纹及胀接管端处的微小裂纹。其具体做法是,如图 6 – 4 所示,先不用把胀口处的管头拆掉,而把要检查的管头金属表面和锅筒管孔周围的表面打磨光洁,露出金属表面,再把推形木塞的外表面包扎上三层细丝,将其紧紧塞在管口内,并在木塞的末端通上电流。

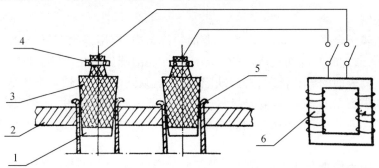

1—木塞;2—锅筒壁;3—铜丝网;4—铜夹头及螺栓;5—管端;6—变压器。

图6 – 4　工业锅炉检验

接通电流后,按操作规程喷洒磁铁粉,如发现有密集的磁粉黑线痕迹,则该处的续陷就是裂纹。

6.1.3　水压试验法

水压试验是工业锅炉检验的常用方法,简单易行,准确可靠。水压试验在工业锅炉制造、安装过程中是不可缺少的环节。水压试验必须按 TSG G0001—2012《锅炉安全技术监察规程》的规定进行,违背规定进行水压试验是不安全的。

1. 哪些锅炉制造零部件需要水压试验

(1)锅筒、集箱(包括水冷壁集箱、钢管省煤器集箱,过热器集箱,再热器集箱等)出厂前必须经过水压试验并且取得合格,其试验压力按《锅炉安全技术监察规程》规定执行。

(2)在制造厂有对接焊缝的各类受热面管子以及对有缺陷而又难于定论的管子,出厂前要经水压实验。试验压力一般为管子工作压力的两倍。

(3)铸铁省煤器在出厂前,要进行单根水压试验,试验压力为锅炉工作压力的 1.25 倍加 49×10^4 Pa。

(4)其他受压元件。

2. 哪些锅炉安装零部件需要水压试验

(1)安装现场有对接焊缝的各种受热面管子,在安装前均需做水压试验,其试验压力与制造厂的试验压力相同。

(2)铸铁省煤器组装前,必须进行单根水压试验,待试验合格后,方可安装。其试验压力与制造厂的试验压力相同。

(3)铸铁省煤器、钢管省煤器等部件组装完毕之后,应对部件进行水压试验,其试验压力按规定执行。

(4)过热器、水冷壁、再热器等部件如在地面组装,在吊装前要进行水压试验,试验合格后,方可吊装。

(5)锅护本体安装完毕,在砌炉之前,要进行整体水压试验,共试验压力按 TSG G0001—2012《锅炉安全技术监察规程》的规定执行。

3. 运行锅炉检修后的水压试验

运行锅炉大修之后,应对锅炉本体和省煤器分别进行水压试验,其试验压力的大小按锅炉大修方案执行。

4. 水压试验注意事项

(1)水压试验的水温一般应控制在 20 ~ 70 ℃,最低不应低于 5 ℃。有合金钢受压元件的锅炉,水压试验的水温应高于该钢种的脆性转变温度,以防止合金元件在水压试验时造成脆性破裂。

(2)升压、降压速度要缓慢,压力表指计要平稳均匀。

(3)压力升到 9.8×10^4 ~ 29.4×10^4 Pa 以后,再继续升压,中小型锅炉此时最好用手动泵。

(4)水压试验所用的压力表,必须是经过校验合格的压力表。

(5)在升压过程中,如发现有的部位有异常变化或有响声,则应立即停止试验并查明原因。

(6)超水压试验,按相关规程规定进行。

(7)在有压力的情况下,对锅炉受压元件不得进行锤击、焊接等修理工作。

6.1.4 钻孔检验法及理化检验法

1. 钻孔检验法

受热面元件经腐蚀以后变薄,在没有专用仪器测定其厚度时,可采用钻孔法测定其厚度,钻孔法还用于检查钢板的裂纹和夹层,具体做法如下。

(1)钢板厚度的检验

锅筒、集箱等受压元件,由于运行或保管不当,腐蚀严重,致使壁厚减薄。为了准确测定钢板的厚度,可将其内壁表面清理干净,用手电钻钻一个直径小于 10 mm 的孔,测量其壁厚。待测量完之后,要用电焊填平。焊接时,最好铲出坡口,进行双面焊。

(2)钢板裂纹和夹层的检验

把被腐蚀的表面清理干净,在发现裂纹处钻一个直径为 10 mm 左右,深 2 ~ 3 mm 的孔,再将钻孔表面酸洗干净,用放大镜检查裂纹或夹层的方向向哪侧延伸,如果继续向深度方向延伸,可将孔继续深钻,直到缺陷终止为止,如果缺陷沿钻孔深度平行于钢板表面延伸,可在缺陷的延伸方向,距该孔 50 ~ 100 mm 处再钻一个同样直径、同样深度的孔直至缺陷终止为止。这样就可确定缺陷的深度和长度,以便采取必要的补救措施。

2. 理化检验法

理化检验法就是利用物理方法或化学方法分别检查锅炉受压元件或其他零部件的母材及焊缝金属所含的化学元素及其含量、抗拉强度、抗弯强度、冲击值、金相等数值,从而确定其缺陷的性质。

(1)用化学法测定元素及其含量

利用化学方法测定金属母材、焊材(包括焊条、焊丝)和焊缝金属的元素及其含量。

如检查焊材及焊缝金属的元素及其含量时,必须先制取试样。在一块厚度为 6 ~ 8 mm,40 mm×50 mm 的板上,焊制焊条(焊丝)试样。做试样前,要将焊条或焊丝烘干、除油污等杂质。堆焊的试样不必太大,宽 15 mm 左右,高 15 mm 左右,长 40 ~ 50 mm 即可。焊完一层之后,需将表面杂质及药皮清理干净,而后再焊下一层。试样制完之后,按化学元素分析的要求,在试样上钻取一定数量的金属屑,并将其送到化学分析试验室进行检验。

如需检验金属母材的元素及其含量,可在母材上直接钻取金属屑,但在钻屑前,需将金属表面清理干净。

钻屑取出后,即可根据需要,检验金属中 C、Si、Mn、S、P、Cr、Mo、V 等元素的含量。根据检验结果,就可分析出该金属的各元素含量是否符合锅炉用钢标准。

(2)用光谱法测定合金钢元素及其含量

在工业锅炉的检验中,常常会遇到合金钢。为了区别合金钢与碳钢以及究竟属于哪种合金钢,在工业锅炉的制造与安装中,常用光谱仪来进行测定。光谱仪是利用各种不同的金属元素能产生不同的光谱线的原理,通过分析光谱线,来确定合金元素及其含量的。

光谱检验时,需将被检测的金属表面除锈,去油污,使其露出金属光泽,然后将探头靠在金属表面,通过荧光屏上的谱线来分析含有哪种合金元素及其含量。这种方法要求操作者具有较丰富的实践经验,否则,对元素含量的分析,会弄不准确。

(3)机械性能检验

由于工业锅炉的元件,大部分是在较高的温度与压力下工作的,因此对锅炉用钢的抗拉强度(δ_b)、屈服强度(δ_s)、伸长率(δ)、断面收缩率(ψ)、冲击韧性(a_K)、硬度等,都可在物理试验室里,通过万能材料试验机、冲击试验机、硬度计等进行测试。在做机械性能试验时,要根据不同的需要,分别做出不同的试样。

①焊接接头的拉力和弯曲试样

a. 焊接接头的拉力试样及尺寸如图6-5所示。试样的长度根据试验机的规格确定。板厚≤30 mm时,试样的厚度为板厚。

板厚>30 mm时,试样的切取部位如图6-6所示,试样的厚度为30 mm时,式样数量=式样厚度(mm)/30 mm(四舍五入取整数)。拉力试样上高于母材表面的焊缝部分应用机械方法除掉。

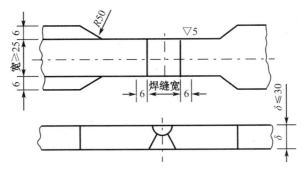

图6-5 焊接接头拉力试验

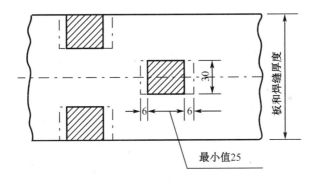

图6-6 厚板焊接接头拉力试验取样部位

b. 全焊缝的金属拉力试样尺寸如图6-7所示。直径 d_e 应取焊缝横截面内许可的最大值,但≤20 mm。板厚>70 mm时,全焊缝金属拉力试样的取样部位如图6-8所示。

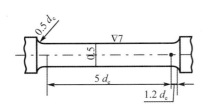
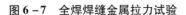
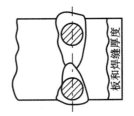

图6-7 全焊焊缝金属拉力试验   图6-8 厚板全焊焊缝金属取样部位

c. 管子焊接接头的机械性能试样和金相试样的取样部位,如图6-9所示。

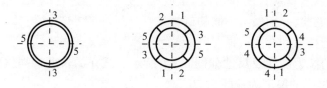

图 6 - 9　管子切取试样位置图

d. 钢板的焊接接头弯曲试样形式如图 6 - 10 所示。图中试样宽度 $B = 30$ mm，试样的长度 $L = D + 2.5e + 100$ mm（D 为弯轴直径，mm；e 为试样加工后的厚度，mm）。当板厚≤20 mm 时，e 为板厚，当板厚 >20 mm 时，$e = 20$ mm。板厚允许时，两个试样沿同一厚度方向切取，如图 6 - 11 所示。试样上高于母材的焊缝部分应用机械法去除。试样的受拉面应保留母材原始表面。试样的四条棱应修成圆角。

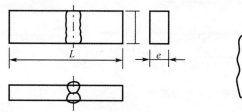

图 6 - 10　焊接接头的弯曲试样　　　图 6 - 11　厚板弯曲试样的取样部位

e. 管子对接接头弯曲试样的切取如图 6 - 12 所示。试样宽度 $W = e + D/20$（e 为试样厚度，mm；D 为管子外径，mm），并且 10 mm≤W≤38 mm。试样上高于母材表面的焊缝部分应用机械法去除。试样受拉面应保留母材原始表面。管壁厚度≤20 mm 时，试样上、下弧面不必加工成平台，管厚度 >20 mm 时，允许从受压面进行加工。试样的四条棱应修成半径约 1.5 mm 的圆角。

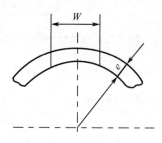

图 6 - 12　管子对接接头弯曲试样切取

试样制取合格后，分别进行拉伸、弯曲、冲击试验。计算出各自的数值，衡量其是否符合对锅炉用钢材的机械性能标准。

②母材机械性能试验

锅炉制造厂对进厂的每一批钢材都要进行机械性能复验，所用的试样应根据试验机的规格，并按国标、拉力试验标准执行。

【任务实施】

给定 2×SHL20-1.6-AⅡ型蒸汽锅炉及附属设备安装项目,按照任务描述和相应检验标准,结合锅炉相应参数进行相应部位检验方法、检验工器具的确定,任务见表 6-1。

表 6-1　两台 SHL20-1.6-AⅡ型蒸汽锅炉及附属设备安装项目检验项目

序号	检验部位	检验方法	检验工具	检验指标	备注
1	受热面管子	外观检验			
2	锅筒焊缝				
3	集箱相互位置	外观检验			
4	锅炉汽水系统				
5	锅炉密封性				
6	一级过热器				合金钢
7	水冷壁管子材质				

【复习自查】

1. 锅炉检验常用的方法有哪些?

2. 无损探伤有几种方式?

3. 射线探伤与超声波探伤有何区别,如何应用?

4. 锅炉严密性试验一般采用水压试验法,对吗,为什么?

任务二　锅炉安装前质量复检

【学习目标】

知识目标:

了解锅炉安装前复验的意义;解析锅炉安装前质量复验内容和合格标准。

技能目标:

熟悉锅炉受压元件材质、焊接材质及锅筒、集箱复验内容;了解焊缝无损探伤方法。

素质目标:

探索无损探伤新技术;积极参与锅炉设备无损探伤研究领域工作。

【任务描述】

给定 2×SHL20-1.6-AⅡ型蒸汽锅炉及附属设备安装,锅炉到场设备包括锅筒、集箱、受热面管束、燃烧设备、钢结构与平台部件及辅助受热面(省煤器、空气预热器、过热器)等;此外锅炉安装用附属设备,包括风机、水泵、上煤设备、除渣设备等均到场。按照到场设备、材料的范畴确定锅炉安装前复验计划,按照《锅炉安全技术监察规程》和质量保证体系质量节点要求,确定哪些在复验范围内,采用什么方法进行复验。

【知识导航】

6.2.1　安装前复验的意义

为了贯彻执行 TSG G0001—2012《锅炉安全技术监察规程》和 GB 50273—2009《锅炉安装工程施工及验收规范》，确保锅炉安全运行，保障人民生命和国家财产的安全，必须在锅炉制造、安装、使用几个方面层层把关，做到不合格的锅炉不出厂，不合格的锅炉元件不安装，不合格的锅炉不运行。为此，工业锅炉在安装之前，必须对各零部件进行认真的复验和校正。

安装前，对锅炉制造质量复验的重要意义有如下几点：

（1）能及时发现制造质量上存在的问题，以便采取补救措施，做到不合格的零部件不安装，为保证锅炉的安全、经济、可靠地运行把好第一关。

（2）能对锅炉制造单位起到促进和监督作用，有利于制造厂提高产品质量，使锅炉制造单位有了改进产品、提高产品质量的方向。

（3）有利于提高安装质量，并可减少或避免由于制造质量上存在的问题而给安装工作带来的困难以及由此而引起的质量上的连锁反应。

（4）能对提高锅炉使用寿命，充分发挥锅炉经济特性起到保证作用。

（5）能避免或减少运行工作中的许多麻烦和运行事故。

总之，坚持对锅炉产品进行安装前的复验，对保证安装质量、延长锅炉使用寿命、减少运行故障、确保锅炉安全运行是有积极作用的，因此必须坚持做好。

6.2.2　安装前复验及合格标准

根据锅炉各零部件制造技术条件和 TSG G0001—2012《锅炉安全技术监察规程》的有关规定，针对多年来安装工作中经常遇到的问题，参照 GB 50273—2009《锅炉安装工程施工及验收规范》，现将在安装前，应从哪几个方面对锅炉制造质量复验，怎样复检，其合格的标准是什么，具体介绍如下。

1.受压元件的材质复验

（1）复验的内容

复验锅炉制造厂所用材料的原始证明，查看制造厂对材料的复验报告、质量证明书是否齐全，各有关材料的化学成分、机械性能是否符合有关规定，合金钢材料应在安装现场进行光谱复查。

（2）合格标准

①筒体、封头、管板、人孔圈、人孔盖、集箱、水冷壁管、对流管、烟管、炉胆等受压元件的材质应符合原材料入厂验收标准。材料的化学成分、机械性能应符合有关标准；

②涉及材料代用，应按规定办理代用手续；

③上述受压元件的材料均须打上钢印标记并须与质量证明书相符。

2.受压元件的焊接材质复验

（1）复验的内容

①审查焊接材料的质量证明书（或合格证）、复验报告是否齐全；

②复查外接材料的化学成分、机械性能是否符合有关标准的规定；

③用合金钢焊条或焊丝所焊的焊缝是否在制造厂做过光谱检验；

④查看是否有焊材代用问题，是否有代用手续。

（2）合格标准

①焊材接受压元件所使用的焊条、焊丝、焊剂应符合原材料的入厂验收标准；

②焊接材料应符合图纸及工艺要求，涉及代用，须按规定办理手续。

3. 受压元件对接焊缝的无损探伤

（1）复验的内容

①复查探伤报告，看探伤比例是否符合要求，是否有探伤部位示意图及缺位置标记；

②返修的焊缝是否标出返修的部位及返修次数；

③复查有无不合格片。

（2）合格标准

①蒸汽压力≥9.8×10⁴ Pa的蒸汽锅炉的锅筒全部对接焊缝和集箱的纵向对接焊缝应进行100%的射线探伤或者100%的超声波探伤加至25%的射线探伤；

②炉胆的对接焊缝应进行无损探伤抽查；

③对焊缝交叉部位及超声波探伤发现的质量可疑部位必须进行射线探伤；

④对于外径≤159 mm的集箱环缝，每条焊缝至少要进行25%，也可按不少于集箱环缝条数25%的射线探伤；

⑤对于外径＞159 mm，或壁厚≥20 mm的集箱和管子，管道和管件的环焊缝应进行100%射线探伤或超声波探伤；

⑥按规定的标准进行射线探伤，按《钢制压力容器对接焊缝超声波探伤》的规定进行超声波探伤，不低于二级为合格。

4. 焊后热处理

（1）复验的内容

复查应进行热处理的零部件，是否进行过热处理，热处理工艺是否附在技术文件中，工艺是否正确。

（2）合格标准

①低碳钢受压元件焊制后，其厚度≥20 mm时，应进行热处理。如经工厂技术总负责人或主管部门批准，其厚度界限可放宽到30 mm，但壁厚＞30 mm时，必进行热处理。

②用合金钢制造的受压元件，焊后热处理界限应按产品技术条件规定，但厚度界限不得＞20 mm。

5. 锅筒复验

（1）复验内容

①复查锅筒对接焊缝的对接偏差；

②查看管孔开的位置；

③检查胀接管孔加工质量；

④复查管接头的位置及同线度；

⑤检查锅筒的外表质量。

（2）合格标准

①锅筒纵缝和封头拼接焊缝两边钢板的中心线偏差不得大于名义板厚的10%，且不得超过3 mm，环缝两边钢板的实际边缘差值不得大于名义板厚的15%加1 mm，且不得超过6 mm。

②厚度不同的板对接时，原板的边缘须削至薄板的厚度，削出的斜面应平滑，削薄部分

的长度 $L = 4$ 倍的锅筒壁厚。

③热卷筒体应清除内、外氧化皮,筒体内,外表面的凹陷和疤痕,当其深度为 3～4 mm 时,应修磨成圆滑过渡,其深度大于 4 mm 时,应补焊并修磨。而冷卷筒体内、外表面的凹陷和疤痕,当其深度为 0.5～1 mm 时,应修磨成圆滑过渡,深度超过 1 mm 时,应补焊并修磨。

④锅筒上相邻两节筒体的纵向焊缝以及封头与筒体的纵向焊缝不应彼此相连。其焊缝中心线间距至少应为较厚钢板厚度的 3 倍,并不得小于 100 mm。筒体制造焊缝不得位于向火侧。

⑤在受压元件主要焊缝上及其邻近区域应避免焊接零件。如不能避免时,焊接零件的焊缝可穿过主要焊缝,而不要在焊缝及其邻近区域终止。

⑥集中的下降管孔不准开在焊缝上。胀接管孔也不得开在焊缝上,且管孔中心与焊缝边缘距离应不小于管孔直径的 80%,即不小于 $(d/2 + 12)$ mm。

⑦焊接管孔一般不应开在焊缝上。若不能避免时,应满足下面条件,即在开孔周围 60 mm。若开孔大于 60 mm,穿过开孔的焊缝须经射线探伤合格,并且焊缝在开孔边缘上不存在夹渣,或者管接头焊后进行过热处理。

⑧胀接管孔的加工质量应符合如下要求:胀接管孔的表画光洁度不应低于▽3,管孔边缘不允许有毛刺和裂纹,管孔上不准有纵向沟痕,若个别管孔上允许有一条螺旋形或环向沟痕,但其深度不得超过 0.5 mm,宽度不得超过 1 mm;沟痕至管孔边缘距离不应小于 4 mm。

管孔的直径偏差、椭圆度差、图锥度应符合规定。如管孔尺寸超差,其超差数值不得超过规定偏差数值的 50%,且超差管孔数量不得超过管孔总数的 2%,当管孔总数多于 200 个时,不得超过 4 个。

6. 集箱复检

集箱在安装前复验与安装前准备相同。

7. 受热面管子复验

受热面管安装前的复验与受热面管子安装前的准备相同。

【任务实施】

给定 $2 \times SHL20 - 1.6 - A\text{Ⅱ}$ 型蒸汽锅炉及附属设备安装项目,按照任务描述填写表 6 - 2,确定锅炉安装前复验项目和内容。

表 6 - 2　复验项目和内容

序号	复验项目	检验方法	复验内容
1	受压元件材质		
2	受压元件焊接材质		
3	受压元件焊缝		
4	焊后热处理元件		
5	锅筒复验		
6	集箱复验		
7	受热面管子复验		

【复习自查】

1. 锅炉安装前质量复验主要针对什么?
2. 受压元件无损探伤对焊缝数量有何要求?
3. 锅筒复验主要检验哪些指标?
4. 通球试验是对受热面管子复验吗?

任务三　锅炉安装检验标准

【学习目标】

知识目标:

了解锅炉安装检验项目;熟悉锅炉安装检验项目和合格标准。

技能目标:

掌握锅炉安装分段验收及总体验收的节点;善于对不同安装项目进行检验。

素质目标:

养成创新学习的习惯;建立追求创新工艺的胆识。

【任务描述】

给定 2×SHL20 - 1.6 - A Ⅱ 型蒸汽锅炉及附属设备安装,安装单位提供了相关资质和施工组织设计,同时按照合同对锅炉本体设备、材料及锅炉辅助设备均进行了质量复验,可以进入安装阶段。安装内容包括锅炉本体安装、锅炉辅助设备安装两大部分;本体安装又包含钢结构平台安装、本体受热面安装、锅炉砌筑、锅炉烘煮及严密性试验等几大部分。按照上述安装内容,根据锅炉验收与评定标准,制定安装检验项目及合格标准。

【知识导航】

6.3.1　安装技术资料检验

锅炉安装是锅炉制造的后道工序,锅炉制造中的各种问题在安装时都会暴露出来。安装单位水平高一些,问题就能发现得多一些、及时一些,处理也会好一些。这对于克服锅炉制造质量上的不足,提高安装质量,具有很重要的现实意义

根据各有关文件的规定以及各级技术监督部门的要求,坚持对锅炉安装单位进行审查和监督是非常必要的。审查合格的安装单位要按技术监督部门批准安装的锅炉种类、工作压力和蒸发量等规定限额进行安装,不得超越审批的范围。

1. 安装单位应具有的条件

(1)应具有一定的铜炉安装历史,并且积累了一定的安装经验。一般来说,应有三年以上的安装历史,而且所安装的锅炉质量均应良好。

(2)应拥有安装锅炉所必需的各种专业技术人员。一般应有锅炉专业、焊接专业的技术人员,由专业学校毕业自学成才的均可。要求安装单位的技术人员能够正确理解和执行各种有关的"规范"和"规程"。

(3)应具有适应锅炉安装的各类专业工种。工业锅炉安装对焊工、胀管工、起重工、砌筑工、钳工、铆工等专业工种都有特殊要求。焊工必须具有与所安装的锅炉相适应的不同

材质、不同位置、不同管径的焊工合格证。有证的焊工必须占有一定的比例。此外胀管工、起重工、砌筑工等也要经过专业训练,能够适应锅炉安装的需要。

(4)应能自行制定施工组织设计、施工工艺程序、焊接工艺及焊接工艺评定试验等技术文件。

(5)应有一定的检验手段,能够进行外观检查、无损探伤检查、理化实验等,就是说安装单位所具备的检验手段应能适应所安装的锅炉种类及型号的需要。

(6)应具有与所批准安装的锅炉型号相适应的工器具、安装设备和检验设备,如吊车、起重设备、焊接设备、各种检验设备等。

(7)应具有完整的质量检验制度和原材料复验制度。

(8)应具有适应工业锅炉安装的各类安装记录、设计变更资料、技术签证文件等技术资料。

2.专业的锅炉安装单位应具备的各类规章制度

工业锅炉安装单位除了具备上述条件外,还应有保证锅炉安装的各种规章制度。

(1)要有对锅炉制造厂的产品质量验收制度。

(2)要有对锅炉产品"质量证明书"的复查制度。

(3)要有锅炉所有零部件的保管、领用制度。

(4)要有焊材(包括条、焊丝、焊药)的保管制度。

(5)要有废品、废件的保管制度。

(6)要有安装的质量管理及质量检验制度。

(7)要有锅炉安装所用设备的维修,保养制度。

(8)要有锅炉安装设计变更及审批程序的制度。

(9)要有材料代用及审批程序的制度。

(10)要有用户反馈制度。

(11)要有建立办理备案、安装手续的制度。

3.锅炉安装单位的审批程序

专业的锅炉安装单位应向所在省市场监督管理局锅炉压力容器安全监察部门提出书面申请书。锅炉压力容器安全监察部门应对申请的锅炉安装单位进行审查、考核,或委托当地技术监督部门审查、考核,根据审查、考核的情况,进行批复,发给安装许可证,并标明批准安装的锅炉种类、允许其安装多大容量和工作压力的锅炉。经省级技术监督部门批准的专业安装单位可以跨省安装,但须向当地技术监督部门备案。

锅炉安装单位必须按技术监督部门批准的锅炉种类、型号进行安装,如果超过所批准的锅炉安装范围,则应重新向负责审批的技术监督部门申请临时安装许可,待获得批准后,方可进行安装。

6.3.2　安装分段验收及总体验收

按 TSG G0001—2012《锅炉安全技术监察规程》的规定,锅炉安装质量的检验分为分段验收和总体验收。分段验收和总体验收应由安装单位和使用单位共同进行,而总体验收还应有技术监督部门参加。各地技术监督部门还将根据工作需要,确定技术监督部门应参加哪个阶段的验收。根据工业锅炉安装的特点,验收大致分为三个阶段:第一阶段为砌筑之前的总体质量验收和总体水压试验阶段;第二阶段为砌筑后点火之前的验收阶段;第三阶段为烘炉、煮炉、安全阀定压阶段。

1. 砌筑之前的质量验收和总体水压试验阶段应检验的主要内容

（1）检验基准标高及三线的基准位置，即基础纵向中心线、钢架向中心线、纵置式锅炉的锅筒向中心线应在同一铅垂面内，并应有明显的标记。

（2）检查钢架、钢平台的位置及各安装部位的尺寸，如钢柱垂直度偏差、标高偏差、横梁的水平度偏差、托架的标高差、各相关部位的对角差、平台的标高等，还应检查钢架、平台的焊接质量，看有无漏焊等问题。

（3）检验锅筒、集箱的空间位置及相互位置偏差、锅筒、集箱的水平度，标高偏差等。

（4）检查各受热面管子的外形排列、管间距，管排突出情况。

（5）检查各受热面管及相关受压元件的焊接质量。

（6）检查各受热面管对接焊口的错位及弯折度。

（7）校查胀接质量，看胀管率确定得是否合理，是否有超胀管口，管端出长度、翻边角度是否符合要求，喇叭口处是否圆滑、是否有裂纹等，检查退火工艺是否合理、锅筒及管端硬度的选定是否合适等内容。

（8）对锅炉制造厂的材质复验及确认，应从以下几个方面进行审核，用于受压元件的碳钢母材及焊材是否有原始质量证明书及复验证明书，合金钢的管子、管接头和锅筒及集箱是否进行光谱检验，在安装现场，用于受压元件上的各种钢材、焊材是否有原始质量证明书，是否经过复验。

（9）检查各受压元件的安装焊缝是否是由具有相应合格项目的焊工施焊，在焊缝附近有无钢印代号。

（10）检查管子的吊夹、固定螺栓等是否固定得牢固、合理。

（11）检查在锅筒、集箱、受热面管子等受压元件上是否有引弧、乱焊临时支撑等现象。

（12）检查炉排的安装质量情况，特别是炉排边排与侧墙板的间隙，集箱与炉墙板的间隙是否留得符合要求。检查其他部位的热膨胀间隙是否留得合理。

（13）检查各受热面元件焊缝检验的各种实验报告（其中包括机械性能试验报告、金相试验报告、射线探伤报告、光谱检验报告、焊材复验报告等）及射探伤底片是否合格。

（14）检查各部位、各零部件安装的各种记录，看记录与实物各项内容是否相符。

（15）检查设计变更等项内容有无技术签证记录。

（16）查看其他有关项目及安装记录。

（17）观察总体水压试验情况，检查总体水压试验记录。

2. 砌筑后，点火前的阶段验收应检验的内容

（1）检查砌筑质量，查看红砖墙、耐火砖墙的垂直度、表面平整度、砖缝的宽窄等。

（2）检查各有关部位的热膨胀间隙是否留出并且合理，检查热膨胀间隙记录。

（3）检查压力表、安全阀、排污阀、水位表、高低水位警报器、各种仪表的安装是否符合安装要求。

（4）检查鼓、引风系统，烟道系统，渣除系统，给水系统，输煤系统是否安装合格并经单机试运转合格，查看各风门、烟道门、风机百叶窗是否开关灵活，开启及关闭位置是否符合实际等。

（5）检查该阶段的各种安装记录及单机试车记录。

（6）查看其他有关检验项目。

3. 烘炉、煮炉、安全阀定压阶段应检验的内容

(1)检查烘炉的效果,查看炉墙,保温层有无开裂,炉墙有无漏烟现象。

(2)检验煮炉情况,看是否达到煮炉的标准。

(3)检验安全阀定压的高启压力与低启压力是否符合《锅炉安全技术监察规程》的规定,查看安全阀启动是否灵活,定压后要将安全阀加锁或加铅封。

(4)检查烘炉、煮炉阶段的记录。

技术监督部门一般不参加第三阶段验收,由锅炉安装单位和使用单位共同进行并做好记录。

6.3.3 安装检验项目及合格标准

工业锅炉安装检验由于是在施工现场进行的,因此有其特殊性。工业锅炉安装检验的项目及合格标准如下。

1. 受压元件的金属材料检验

在安装前工业锅炉安装单位应对锅炉的合金钢零部件进行光谱复验。对受热面元件的材质进行复验的具体内容分以下几项:

(1)凡属合金钢锅筒、集箱应对其本体及管接头和所有焊缝进行光谱检验,并要画出附图,做好详细记录;

(2)对合金钢管子及其对接焊缝应进行光谱检验,并在管子上做出标记,做好详细记录;

(3)对合金钢螺栓及影响锅炉安全运行的合金钢零件应进行光谱控验;

(4)对合金钢吊箍、定位卡要进行光谱复验,看其是否符合设计图纸;

(5)对其他材料的受压元件材质应进行复验。

2. 焊接质量的检验

现场安装的所有受压元件的焊缝必须 100% 合格,所以对焊接质量必须通过各种手段进行严格检验,具体从以下几个方面进行:

(1)焊接受压元件的焊工应有合格证,焊工证上的合格项目要与所施焊的位置、材质、管径等相符;焊完之后应在焊缝附近打上该焊工的钢印代号。

(2)检查焊条、焊丝的出厂合格证和复验报告,对每批焊条、焊丝都应进行复验。合格标准及有关要求按机械工业部《锅炉原材料入厂检验标准》的规定执行。

(3)检查焊接工艺的合理性及可行性。

(4)对焊后需要进行热处理的焊缝,要检查是否进行了热处理,其工艺是否合理,实际热处理的效果如何。

(5)检查焊缝的外观,使其符合如下规定:

①检查焊缝的宽度和高度,使其符合工艺规定,焊缝的高度不得低于母材,焊缝应与母材圆滑过渡。

②焊缝及其热影响区表面不得有裂纹、气孔、弧坑和夹渣。

③受热面管子的焊缝咬边深度不得超过 0.5 mm,其总长度(焊缝两侧咬边长度之和)不得超过管子周长的 1/4,而且不得超过 40 mm。

④为了检查管子对接焊缝的反面成形高度(即焊瘤等缺陷),焊完后要进行通球试验,通球用的球径与管子内径、弯曲半径有关。

（6）检查焊接的对口错位。要求对口平齐，内壁对齐，错口不应超过壁厚的10%，而且不大于1 mm，外壁的偏差值不应超过薄件厚度的10%加1 mm，并且不得大于4 mm。

（7）检查管子对接口的弯折度，当管子外径≤108 mm时，其弯折度不得大于1/200，当管子外径>108 mm时，其弯折度每米不得大于2.5 mm。

（8）检查管子对接焊缝的位置及对接焊缝间的距离。管子对接焊缝位于直管段部分，其距弯曲起点、支架边缘、锅筒、集箱外壁的距离，对于工作压力为382×10^4 Pa的锅炉，其距离不得小于70 mm，对于工作压力≤382×10^4 Pa的锅炉，其距离不得小于50 mm。

锅炉受热面管子的直管段，对接焊缝间的距离不得小于150 mm，对接焊缝的数量规定为：≤2 m时，不得拼接；>2～5 m时，对接焊缝不得超过1条；>5～10 m时，对接焊缝的数量不得超过3条。

（9）管子对接焊缝的无损探伤检验。在安装现场对焊缝进行无极探伤是主要采用射线探伤或超声波探伤，其探伤的数量按下面规定执行：

①外径>159 mm，或壁厚≥2 mm的管子，管道作100%的射线探伤。

②外径≤159 mm时，当工作压力980×10^4 Pa，安装工地，至少要做25%的射纹探伤或超声波检查。

③对于热水锅炉的受热面管子、管道和其他管件的环焊缝，射线或超声波探伤的数量规定如下：

当额定出口温度≥120 ℃时，如其外径>159 mm，探伤比例为100%；如其外径≤159 mm，可进行探伤抽查。

当额定出口温度<120 ℃时，如其外径>159 mm，探伤比例为≥25%；如其外径≤159 mm，可进行抽查。

④射线探伤的合格标准按GB 3323—82《钢焊缝射线照相及底片等级分类法》的规定进行，对于工作压力≥9.8×10^4 Pa的蒸汽锅炉，对接焊缝不低于二级为合格；对于额定出口热水温度≥120 ℃的热水锅炉，对接焊缝不低于三级为合格；对于额定出口热水温度<120 ℃的热水锅炉，对接焊缝不低于三级为合格。

⑤超声波探伤按JB 1152—81《锅炉和钢制压力容器对接焊缝超声波探伤》的规定进行，达到一级为合格；对出口温度<120 ℃的热水锅炉，达到二级为合格。

（10）对管子对接焊缝的机械性能试验进行检查。

在工业锅炉安装中，应对管子的对接焊缝进行机械性能试验，试件的取法及合格标准按下面几条进行：

①对于管道的对接焊缝，应焊接10%的检查试件，由同一焊工在同一工艺条件下焊制；对于受热面管子的对接焊缝，则应在参加施焊的焊工就所施焊的不同管子的材质、规格、位置等分别取样，原则上应在该焊工所焊的管子上切取1/200作为检查试件。如现场被取试件有困难，诸如像受热面管与锅筒、集箱管接头的对接焊缝、膜式水冷壁的对接焊缝等，可在同一焊工、同一工艺条件下焊接模拟试样作为检查试件。

②试件应先经外观检查，合格后方可作无损探伤检查。

③凡试件经无损探伤合格后，可从试件上切取二个试祥或用整根管按GB 228—76《金属拉力试验法》进行拉力试验，焊接接头的抗拉强度不得低于母材规定值的下限。

④从试件上切取两个试样，按GB 232—88《金属弯曲试验方法》的规定，进行弯曲试验，一个作正弯，一个作背弯，弯轴直径、支座距离及弯曲角度按规定执行，凡在其拉伸面上有

长度 >1.5 mm 的投向裂纹或缺陷,或者有长度 >3 mm 的纵向裂纹或缺陷时,均为不合格,试样的四棱开裂不计。

⑤对于工作压力 382×10^4 Pa 或壁温 >450 ℃的锅炉受热面管子的对接焊缝,如壁厚 >16 mm(指单面焊)时,在试件上取三个试样,按 GB 229—63《金属常温冲击韧性试验法》进行冲击试验,其冲击韧性值不得低于母材规定值的下限。

⑥上面的检查项目,如某项不合格时,应从原试件上切取双倍试样进行复验,或将原试件与所代表的焊缝热处理一次后进行全面复验,如合格者,可认为该项合格,如复验仍不合格时,则此项试验所代表的焊接接头为不合格,应予返工重焊。

(11)对管子的对接焊缝进行金相检验和断口检验,其检验方法按如下规定进行:

①工作压力 ≥980×10^4 Pa 或壁温大于 450 ℃的管子,管道应进行宏观金相检验,对可能产生淬火硬化、显微裂纹、过烧等缺陷的焊件,还应作微观金相检验。

②对锅炉受热面管子,应从半数试件上各取一个试样;对管道,应在每个试件上切取一个试样作金相检验。

③宏观金相检验的合格标准如下:

a. 没有裂纹;

b. 没有硫松;

c. 全部熔合;

d. 管子对接接头未焊透的深度不得大于 15% 的管子或管道的壁厚,并且不得大于1.5 mm;

e. 至于单个气孔,当管子壁厚≤6 mm 时,径向不得大于壁厚的 30% ,并且不得大于1.5 mm,周向不得大于 2 mm;当壁厚 >6 m 时,径向不得大于管子壁厚的 25% ,且不得大于4 mm,周向不得大于壁厚的 30% ,且不得大于 6 mm;

f. 单个夹渣的合格标准是:当管子壁厚≤6 mm 时,径向夹渣不得大于壁厚的 25% ,轴向、周向夹渣不得大于壁厚的 30% ,且不应大于 2 mm;当管子壁厚 >6 mm 时,径向夹渣不得大于壁厚的 20% ,并且不得大于 4 mm,轴向、周向夹渣不得大于管子壁厚的 25% ,而且不得大于 4 mm;

g. 密集气孔的合格标准是:当管子壁厚≤6 mm 时,不允许有密集气孔;当管子壁厚 >6 mm 时,在 1 cm^2 的面积内,直径 >0.8 m 的气孔及夹渣不得超过 5 个,总面积不得大于 3 mm^2;

h. 圆周方向的气孔、夹渣总和的合格标准是:沿四周方向气孔与夹渣的总和在 10 倍壁厚的长度内,气孔与夹渣的累计长度不得大于壁厚;

i. 壁厚方向同一直线上各缺陷的总和是:当管子壁厚≤6 mm 时,不很大于壁厚的 30% 并且不应大于 1.5 mm,当管子壁厚 >6 mm 时,不得大于壁厚的 25% ,而且不得大于 4 mm;

j. 母材没有分层。

④微观金相检验合格标准:

a. 没有裂纹;

b. 没有过烧组织;

c. 没有网状析出物成网状夹杂物;

d. 在非马氏体钢中,不得有马氏体组织。

⑤断口试样的截取及其合格标准是:对工作压力为 382×10^4 Pa 的受热面管子,每 200个焊接头抽一个断口检验,不足 200 个也抽一个,合格标准相同。

⑥有裂纹、过烧、疏松、网状析出物或网状夹杂物之一者,不允许复试,即所代表的母接接头为不合格。仅因有溶硬性组织不合格者,允许检查试件与产品再热处理一次,然后取双倍试样复试(合格后仍测复试机械性能)。其他不合格者,允许从原检查试件或焊件上取双倍试样复试,复试合格后由水平较高的探伤人员对该试样代表的焊接接头重新探仿。复试不合格,该试样代表的焊接接头为不合格。

3.胀接质量的检验

(1)退火后的管应进行硬度检验,其硬度值 HB≤170,确认合格后方可胀接;

(2)胀管率控制在 1% ~ 1.9%,不得超胀和偏胀;

(3)管端伸出长度应控制在 6 ~ 12 mm,喇叭口翻边角度应控制在 12° ~ 15°,伸入管孔内为 0 ~ 2 mm;

(4)胀接管端不得有起皮、皱纹、切口和偏斜现象;

(5)水压试验检查及合格标准:

①在试验压力下停留 20 min,压力降不超过 4.9×10^4 Pa;

②金属壁和焊缝、人孔、手孔、法兰接合处不得有水珠和水雾;

③在工作压力下检查胀口处,其渗水、泪水(不下流的水球)的胀口数之和不得大于总胀口的 30%,泪水的胀口数不超过总胀口数的 1%;

④用肉眼观察无残余变形。

4.安全阀的安装检验

(1)蒸发量 >0.5 t/h 及额定出力 $>125.7 \times 10^4$ J 的锅炉至少需装两只安全阀(不包括省煤器安全阀),蒸发量 <0.5 t/h,额定出力 $\leq 125.7 \times 10^4$ J 的锅炉,至少应安装一只安全阀;

(2)在可分式省煤器的出口(或入口)、过热器、再热器的入口和出口及直流锅炉的启动分离器上都必须安装安全阀;

(3)安全阀的形式、阀座内径、工作压力、排气能力等应符合设计计算及有关《锅炉安全技术监察规程》的规定,安全阀在安装前应解体检查;

(4)安全阀应铅直安装,在安全阀与锅筒、集箱之间不得安装取用蒸汽的出气管和阀门;

(5)安全阀的开启压力应符合《锅炉安全技术监察规程》的规定,安全阀经校验后应加锁或铅封;

(6)安全阀应有将蒸汽或水引到安全地点的排气管或排水管,其弯头数量越少越好。

5.压力的安装检验

(1)每台锅炉必须有与锅筒直接连接的压力表;

(2)选用压力表,其刻度值应为工作压力的 1.5 ~ 3 倍,精度等级应符合如下规定:工作压力 $<245 \times 10^4$ Pa 时不低于 2.5 级,工作压力为 245×10^4 Pa 时,不应低于 1.5 级,工作压力 $>1872 \times 10^4$ Pa 时,不应低于 1 级;

(3)压力表安装前应进行校验,并打铅封;

(4)压力表安装时,应装设存水弯管,在压力表和存水弯管之间应有旋塞。

6.水位表的安装检验

(1)每台蒸汽锅炉至少应安装两个彼此独立的水位表,对蒸发量 <0.2 t/h 的锅炉允许只装一个水位表;

(2)蒸发量 ≥2 t/h 的锅炉应装高低水位警报器。

7. 基础验收

锅炉在安装前必须进行基础验收。基础验收应符合《钢筋混凝土工程施工及验收规范》的规定。

8. 锅炉安装用垫铁

(1)垫铁组的面积应符合公式

$$A = C[100(Q_1 + Q_2)]/R$$

式中　A——垫贴面积, mm^2;

　　　C——安全系数, $1.5 \sim 3$;

　　　Q_1——设备重量负荷, N;

　　　Q_2——地脚螺栓拧紧后, 加在铁上的压力, N;

　　　R——基础单位面积抗压强度, Pa。

(2)每组垫铁不应超过 3 块。

9. 钢构架的检验

(1)各立柱间的距离偏差, 应控制在间距的 1/1 000, 而且不得大于 10 mm;

(2)各立柱间的不平行度应为长度的 1/1 000, 且不得大于 10 mm;

(3)横梁标高偏差为 ± 5 mm;

(4)横梁间的不平行度偏差应控制在长度的 1/1 000, 且不得大于 5 mm;

(5)横梁与立柱的中心线错位为 ± 5 mm;

(6)组合件相应对角线偏差应控制在长度的 1.5/1 000, 并且不得大于 15 mm;

(7)护板框内边与立柱中心线距离偏差为 $0 \sim 5$ mm;

(8)顶板各横梁间距伸差为 ± 3 mm;

(9)平台支撑与立柱、桁架、护板框的不垂直度偏差不得超过其长度的 2/1 000;

(10)平台标高偏差为 ± 10 mm;

(11)平台与立柱中心线相对位置偏差为 ± 10 mm;

(12)柱脚中心与基础中心偏差为 ± 5 mm;

(13)立柱、横梁标高与设计标高偏差为 ± 5 mm;

(14)立柱间标高偏差为 3 mm;

(15)立柱间的距离偏差, 对于工作压力 $< 382 \times 10^4$ Pa 的锅炉构架, 应控制在 ± 5 mm, 对于工作压力 $> 382 \times 10^4$ Pa 的锅炉构架, 应控制在间距的 1/1 000, 且不得大于 10 mm;

(16)锅炉立柱的不垂直度偏差应控制在长度的 1/1 000 范围内, 对工作压力 $< 382 \times 10^4$ Pa 的锅炉, 其立柱偏差不得大于 10 mm, 而对工压力 $\geqslant 382 \times 10^4$ Pa 的锅炉, 其不得大于 15 mm;

(17)各立柱上、下两水平面内相应对角线差应控在其长度的 1.5/1 000, 且不得大于 15 mm;

(18)两立柱间在同一垂直面内的对角线偏差, 对工作压力 $< 382 \times 10^4$ Pa 的锅炉, 其偏差为对角线长度的 1/1 000, 并且不得大于 10 mm;

(19)横梁的不水平度偏差为其长度的 1/1 000, 并且不得大于 5 mm;

(20)支撑锅筒的横梁不水平度偏差, 对工作压力 $< 382 \times 10^4$ Pa 的锅炉, 应为其长度的 1/1 000, 且不得大于 3 mm;

(21)护板框架或桁架与立柱中心距离偏差, 对工作压力 $\geqslant 382 \times 10^4$ Pa 的锅炉为 $0 \sim 5$ mm;

（22）顶板的各横梁间距,对工作压力 $> 382 \times 10^4$ Pa 的锅炉,其偏差应为 ±3 mm;

（23）顶板标高偏差,对工作压力 $\geqslant 382 \times 10^4$ Pa 的锅炉,其偏差应为 ±5 mm;

（24）大板梁的不直度偏差为其高度的 1.5/1 000,并且不得于大 5 mm;

（25）平台的标高偏差,对于工作压力 $\geqslant 382 \times 10^4$ Pa 的锅炉为 ±10 mm;

（26）平台与立柱中心线位置偏差为 ±10 mm。

10. 锅筒、集箱的安装检验

（1）锅筒、集箱的水平方向距离偏差为 ±5 mm;

（2）锅筒、集箱的标高偏差为 ±5 mm;

（3）锅筒、集箱的不水平度偏差,全长不得大于 2 mm,对工作压力 $\geqslant 382 \times 10^4$ Pa 的锅炉,锅筒偏差为 2 mm,集箱为 3 mm;

（4）锅筒、集箱间、锅筒与相相邻过热器集箱间、上锅筒与上集箱间的中心线距离偏差,应控制在 ±3 mm 之间;

（5）水冷壁集箱与立柱间的距离偏差应在 ±3 mm 之内;

（6）过热器集箱两对角线不等长度偏差不得大于 3 mm;

（7）过热器集箱与蛇形管低部位的距离偏差应控制在 ±5 mm 内。

11. 受热面组合件的检验

锅炉受热面组合件主要是指过热器、再热器、钢管省媒器等。组合件组合好之后应进行如下检查:

（1）集箱的不水平度,对光管水冷壁和鳍片管水冷壁,其偏差均为 2 mm;

（2）组件的对角线偏差,对光管水冷壁和鳍片管水冷壁都为 10 mm;

（3）组件的宽度偏差,当宽度 $\leqslant$ 3 000 mm 时,其偏差应拉制在 ±5 mm 内,当宽度 $>$ 3 000 mm 时,其偏差为每米 2 mm,而且不得大于 15 mm;

（4）组件长度偏差为 ±10 mm;

（5）个别管子的突出偏差不得超过 ±5 m;

（6）固定挂钩标高偏差应在 ±2 mm 范围内,错位偏差应在 ±3 mm 内;

（7）集箱间中心线垂直距离偏差应在 ±3 mm 内。

12. 受热面管的弯曲度及外形偏差的检验

（1）受热面管直管段的弯曲度每米不得大于 1 mm,全长不得大于 3 mm,长度偏差不得大于 ±3 mm;

（2）管口偏移不得大于 2 mm,管段偏移不得大于 5 mm;

（3）管口间水平方向距离偏差不得大于 ±2 mm,管口间垂直方向距离偏差应为 2 ~ 5 mm;

（4）弯管的不平度,当长度 $L < 500$ mm 时,不平度偏差不得大于 3 mm;当 $L = 500 ~ 1 000$ mm 时,不平度偏差不得大于 4 mm;当 $L = 1 000 ~ 1 500$ mm 时,不平度偏差不得大于 5 mm;当 $L > 1 500$ mm 时,其不平度偏差不得大于 6 mm。

13. 水冷壁管的冷拉工艺及冷拉值检验

检查水冷壁管的冷拉工艺及冷拉值是否符合设计要求。

14. 检查过热器、再热器

（1）蛇形管自由端偏差不得超过 ±10 mm;

（2）管排间距偏差不得超过 ±5 mm；

（3）个别管子的不平整度不得大于 20 mm；

（4）顶棚管高低不平度偏差不得大于 5 mm；

（5）边缘管距炉墙的间隙，应符合设计图纸规定；

（6）平面蛇形管的个别管圈在该平面内的偏差不得大于 5 mm。

15. 检查省煤器安装尺寸及有关项目

（1）钢管省煤器

①组合件宽度偏差不得超过 ±5 mm；

②组合件对角线偏差不得超过 10 mm；

③集箱中心线距蛇形管弯头端部的距离偏差不得超过 ±10 mm；

④组合件边管的不垂直度不得超过 ±5 mm；

⑤边管距炉墙的距离应符合设计图纸规定；

⑥防磨装置膨胀间隙应符合图纸规定；

⑦平面蛇形管的个别管圈在该平面内的偏差不得大于 5 mm。

（2）铸铁省煤器

①支架的水平方向位置偏差不得超过 ±3 mm；

②支架的标高偏差不得超过 ±5 mm；

③支架的纵、横向水平度偏差应在 1/1 000 范围内；

④每根肋片管上的破损肋片数不得大于该管总肋片数的 10%；

⑤整个省媒器有破损肋片的管数不得超过管子总根数的 10%。

16. 空气预热器的检验

（1）支撑框架的不水平度不得超过 ±3 mm；

（2）支撑框架的标高，对于工作压力 ≥382×10⁴ Pa 的锅炉，其偏差不得超过 ±10 mm，对工作压力 <382×10⁴ Pa 的锅炉，其偏差不得超过 ±5 mm；

（3）空气预热器管箱的不垂直度偏差，对于工作力 ≥382×10⁴ Pa 的锅炉，不得超过 ±5 mm，对于工作压力 <382×10⁴ Pa 的锅炉，其偏差不得超过高度的 1/1 000；

（4）顶热器管箱中心线与立柱中心线之间的距离偏差不得超过 ±5 m；

（5）顶部标高偏差不得超过 ±15 mm；

（6）管箱上部的对角线偏差不得大于 15 mm；

（7）波形膨胀节的冷拉位应符合设计要求。

17. 检查条炉排的组装偏差

（1）炉排中心线位置偏差不得大于 2 mm；

（2）炉排两侧墙板的标高偏差不得超过 ±5 mm；

（3）炉排两侧墙板间的距离偏差不得超过 5 mm；

（4）炉排两侧墙板的垂直度偏差，全高不超过 3 mm；

（5）炉排两侧墙板的对角线长度偏差（即两对角线的不等长）不得大于 10 mm；

（6）两侧墙板不水平度偏差为其长度的 1/1 000，全长不得大于 5 mm；

（7）前、后轴的不水平度为其长度的 1/1 000；

（8）前、后轴的标高差不得大于 5 mm。

18. 炉墙砌筑的检验

在工业锅炉安装中,炉墙砌筑检验是一项比较重要的内容,虽然对锅炉的安全运行影响不算太大,但对锅炉热效率的发挥和燃烧效果的好坏有着比较大的影响,所以炉墙的检验是不容忽视的。

(1)应检查是否按设计要求留出热膨胀间隙,其宽度偏差不得超过 ±3 mm;膨胀缝边界错位不得大于 2 mm,缝内不允许有灰浆、碎砖块及其他杂物,石棉绳最外一根与砖墙应平齐,不得外伸或内凹;

(2)水冷壁管中心与炉墙表面的距离偏差应在 -10 ~ 20 mm;

(3)过热器、再热器、省煤器管中心与炉墙表面距离的偏差应在 -5 ~ 20 mm;

(4)锅筒与炉墙周围的间隙偏差应在 -5 ~ 10 mm;

(5)折烟墙与侧表面间隙偏差不得大于 5 mm;

(6)靠近砖砌炉墙的受热面管与炉墙的间隙偏差不得大于 10 mm;

(7)水冷壁下集箱与灰渣室炉墙间的距离差不得大于 10 mm;

(8)砖缝的宽度允许偏差见表 6 - 3;

表 6 - 3　砖缝宽度偏差表

炉墙名称	项目		
	规定砖缝宽度	允许最大宽度	每平方米最大宽度砖缝允许条数
燃烧室及过热器耐火砖墙	2	3	不得多于 5 条
省煤器耐火砖炉墙	3	4	不得多于 8 条
保温层砖墙	5	7	不得多于 10 条

(9)炉墙的不平整度,每米不大于 2.5 mm;

(10)炉墙的不平度,每米不大于 5 mm,全长不得大于 10 mm;

(11)炉墙的不垂直度,每米不大于 3 mm,全高不得大于 15 mm;

(12)炉墙的厚度偏差应在 ±10 mm 之间;

(13)耐火混凝土厚度偏差应在 ±5 mm 之间。

19.风道的渗漏检验

安装完风道后应检验如下几项:

(1)接盘处石棉板或石棉绳是否压紧、压匀,有无漏风、漏烟处;

(2)风、道的焊缝有无渗漏,如有渗漏应补焊;

(3)膨胀节、软接头是否符合设计要求。

20.检查风机、除尘器

(1)风机、除尘器轴与电机轴的同心度偏差应符合 GB 50273—2009《锅炉安装工程施工及验收规范》;

(2)风机、除尘器与风道连接必须严密,不得渗漏。

【任务实施】

1.给定 2×SHL20 - 1.6 - AⅡ型蒸汽锅炉及附属设备安装项目,按照任务描述划分检验节点并确定检验内容:

序号	检验节点	检验内容
1	砌筑之前	
2	砌筑之后	
3	总体验收	

2.填表确定本任务安装检验项目及合格标准

序号	检验项目	合格标准
1		
2		
3		

【复习自查】

1.安装单位应具备哪些条件?

2.锅炉安装单位的审批程序有哪几项?

3.安装检验为什么要分阶段进行?

4.锅炉安装总体验收内容有哪些? 检验部门有哪些?

【项目小结】

锅炉设备安装是制造的延续,安装质量检验也是制造检验的延续。锅炉安装质量检验是锅炉及辅助设备安装过程中从始至终的一项任务,质量检验的环节是否齐备,检验项目是否齐全,检验器具是否合理,检验结果是否合格,直接关系到安装过程的完整性,安装质量的优良性,是整体安装工艺必备的一个环节。

锅炉设备安装质量检验不单单是对安装具体项目的检验,同时也包括安装前文件、机具、计划劳动力配置的检验,对安装环节中管理、制度落实及规程执行的检验,对安装结束后资料的管理检验。

锅炉设备安装质量检验必须按照施工单位制定的安装质量手册执行,同时要求遵守ISO 9000 质量保证体系的要求。

项目七　锅炉安装的技术资料

【项目描述】

锅炉安装技术资料包括锅炉产品技术资料、锅炉安装过程记录资料和锅炉安装过程验评资料三部分。

锅炉产品技术资料包括锅炉质量证明书,锅炉厂产品复验证明,锅炉热力、强度计算书以及锅炉附属设备质量合格证书等。产品技术资料是锅炉及其附属设备的身份证明,只有合格产品才能进入安装过程。

锅炉安装过程记录技术资料包括锅炉本体安装记录、锅炉砌筑过程记录、附属设备安装过程记录、单机试运行记录和锅炉烘煮、严密性试验及整体试运行记录等。

锅炉本体安装记录所有元件安装前复验、安装过程中记录两部分,是整个锅炉本体安装过程中"锅"——承压元件的施工全过程的缩影;锅炉砌筑过程记录是锅炉的"炉"安装过程记录,单机试运行、锅炉烘煮与严密性试验及整机试运行是对安装过程的实践检验。

锅炉安装过程验评资料主要是针对安装过程中实地检验结果和过程记录的比较,也是安装过程记录与安装国家标准之间的对比评定,通过验评确定安装过程与标准的契合度,通过验评检验安装过程的真实度,通过验评鉴定安装过程的质量等级。

锅炉安装技术资料是整体安装环节中的重要一环,资料的完整性、准确性与正确性既是对安装质量的检验,又是对建设单位的保证书,同时也是锅炉安装整体过程的记录,是对建设单位安全、质量的保证。

本项目主要学习锅炉安装技术资料的内容与意义、安装过程中各项记录的格式与记录方法和整体验收模式及安装质量证明书和工程移交的项目内容。

【教学环境】

锅炉安装技术资料工作是随着安装过程进行的,本项目教学在多媒体教室学习了解技术资料的理论基础知识;在锅炉模型实训室实际演练安装过程记录的内容和方法。

任务一　安装技术资料的意义

【学习目标】

知识目标:

诠释锅炉安装技术资料的意义;解析锅炉安装技术资料的内容。

技能目标:

能够确定锅炉安装技术资料项目明细;熟练进行锅炉安装技术资料定位。

素质目标:

善于进行锅炉质量检验方法的综合;形成创新意识。

【任务描述】

给定 2×SHL20-1.6-AⅡ型蒸汽锅炉安装内容和施工组织设计,包括锅炉安装技术资料:质量证明书、设备合格证及相关文件;锅炉安装工艺流程图:钢结构与平台安装,锅筒、集箱安装,受热面安装,锅炉砌筑,燃烧设备安装,锅炉辅助设备安装,锅炉烘煮和 72 h 试运行等工艺流程和施工过程记录,确定该任务需要完成的技术资料。

【知识导航】

1. 锅炉安装技术资料留存的意义

工业锅炉是一种在较高温度、压力下工作的特殊设备,如果制造、安装的质量有问题或运行管理不严,则随时都可能出现事故,危及国家财产和人的生命安全,所以留存各种安装技术资料备查是确保锅炉安全运行的需要。

工业锅炉是一种使用年限较长,又要经常检修的机械设备,而每次检修都需要查看原始安装记录,就好像医生查看病人的病历一样,以便对症下药,所以留存安装技术资料又是解决检修工作的需要。

工业锅炉使用到一定年限之后,往往锅筒、集箱以及其他部件需要更换,或者增加某一部分受热面,更换或增加的依据是什么? 这就要查看锅炉技术档案、查找原始数据,所以留存锅炉安装技术资料也是适应锅炉改造的需要。

2. 应提交的锅炉安装技术资料和各种安装记录

(1)锅炉产品制造质量证明书及技术资料复查记录;

(2)锅炉制造厂的产品质量复查记录;

(3)锅炉基础检查验收合格证书;

(4)锅炉本体安装质量检查记录,包括钢架、锅筒、集箱、对流管、水冷壁、炉排、省煤器、过热器、空气热的安装记录;

(5)受热面管通球试验记录;

(6)压力试验报告单;

(7)现场焊接记录;

(8)部件焊缝检查记录;

(9)试胀记录卡;

(10)锅炉安装胀管质量检查记录;

(11)焊前考样试验报告单;

(12)焊材、母材复验记录;

(13)合金钢零部件光谱试验报告单;

(14)锅炉安装预留膨胀间隙记录;

(15)水冷壁管的冷拉记录;

(16)砌炉前后炉内外清理工作记录;

(17)锅炉砌筑、保温质量检查记录;

(18)锅炉附属设备安装质量检查记录;

(19)锅炉安装单机试车记录;

(20)锅筒内部装置安装检查验收记录;

(21)烘炉记录;

（22）煮炉记录；

（23）安全阀定压记录；

（24）72 h 整体试车记录

（25）安装过程中的所有设计变更、技术签证记录；

（26）锅炉安装质量证明书。

【任务实施】

按照 2×SHL20－1.6－AⅡ型蒸汽锅炉安装内容和施工组织设计，制定给定任务需要完成的安装技术资料明细和安装记录内容，并填写表 7－1。

表 7－1　安装技术资料明细和安装记录

序号	技术资料名	检验指标	验收标准	
			合格	优良

【复习自查】

1.锅炉安装技术资料留存的意义有哪些？

2.锅炉安装记录可以分为几种节点？

任务二　安装技术资料的格式与填写

【学习目标】

知识目标：

了解锅炉安装记录遵循的规范要求；解析各类锅炉安装记录项目内容。

技能目标：

熟悉锅炉安装记录的种类；熟练进行锅炉安装记录的操作执行。

素质目标：

探索锅炉安装技术资料内容规范；积极参与锅炉锅炉技术资料研究领域工作。

【任务描述】

给定 2×SHL20－1.6－AⅡ型蒸汽锅炉安装内容和施工组织设计，安装内容包括基础验收，钢结构与平台安装，锅筒、集箱安装，受热面安装，锅炉砌筑，燃烧设备安装，锅炉辅助设备安装，锅炉烘煮和 72 h 试运行等施工工艺，确定该任务需要完成的安装记录。

【知识导航】

下面以蒸发量为 35 t/h 以下，工作压力为 343×10^4 Pa 以下的工业锅炉为例，来说明工业锅炉安装的各种记录的格式及填写方法。

1. 锅炉产品制造质量证明书及技术资料复查记录

记录的格式及内容见表 7 - 2。在锅炉安装之前，应对制造厂的质量证明书、强度计算书、热力计算书、锅炉总图等资料进行认真审查，看其有无不符合 TSG G0001—2012《锅炉安全技术监察规程》及有关"规范"的，要将检查复验的结果填写在表 7 - 2 中，报请有关特种设备监察机构备案审查。

表 7 - 2　锅炉产品制造质量证明书及技术资料复查记录

锅炉制造厂：		锅炉型号：	
制造编号：		使用压力：	
制造检验程序及有关技术负责人员是否齐全			
锅炉总图是否有省级特种设备监察机构盖章			
锅筒、集箱、受热面管等产品检验资料	制造材质复查结果		
	焊缝的质量复查，焊工是否有钢印代号并在质量证明书上有记载		
	焊缝的探伤部位、比例及灵敏度是否符合规程要求，是否有探伤部位图及射线片子编号		
	焊缝射线探伤底片的级别是否符合规程的规定		
	焊材(焊条、焊丝、焊药等)的复验是否有化学分析报告单和机械性能报告单		
	金属母材及焊缝金属的机械性能是否符合锅炉用钢要求		
	焊缝金相、断口检查报告是否齐全		
锅筒、集箱、受热面管等产品	锅筒、集箱的焊前试板、试件是否齐全，是否符合规程要求		
	锅筒、集箱的焊后热处理是否符合规程规定		
	单根管的通球试验资料复查		
	制造厂有对接焊口的单根水压试验是否有记录，试验压力是否为工作压力的 2 倍		
	合金钢材料的受压元件焊前是否进行光谱或其他方法的检验，报告是否齐全		
	合金钢对接焊缝或有合金钢的异种钢焊接，焊后是否热处理		
技术资料方面	锅炉图纸是否齐全		
	受压元件的强度计算、热力计算是否齐全、合理		
	锅炉质量证明书项目是否齐全		
	锅炉安装说明和使用说明是否齐备		
建设单位：		施工单位：	

2.锅炉制造厂的产品质量复查记录

对制造厂的产品质量复查工作,必须由建设单位和安装单位双方派员共同进行,边复查,边填写记录。

对发现的重大质量问题,安装单位不得自行处理,而要由锅炉制造厂处理,并报当地特种设备监察机构。对锅炉制造质量复查,必须在安装前进行。锅炉制造厂的产品质量复查记录见表7-3。

表7-3 锅炉制造厂产品质量复查记录

锅炉制造厂:	锅炉型号:
制造编号:	使用压力:
钢结构质量情况及发现问题	
锅筒质量情况及发现问题	
集箱质量情况及发现问题	
水冷壁、对流管、下降管及其他受热面管单根检查的质量情况及发现问题	
锅炉受压元件上的全部焊缝的外观质量检查	
铸铁省煤器是否有砂眼、裂纹,两机加端是否规整,弯头是否符合要求几何尺寸及外观质量	
钢管省煤器外表面无腐蚀、内壁无积灰、堵塞等,单根水压试验情况	
过热器、再热器蛇形管外观几何尺寸、单根异种钢焊接有无标识,是否配套,内部是否有积灰、堵塞,水压试验情况	
空气预热器管板、管束是否有碰伤	
炉排质量、数量情况,传动轴、链轮、炉排片的质量情况,轴瓦及其传动部件质量是否符合要求	
安全阀质量情况	
压力表的数量及质量情况	
水位表数量及质量情况	
高低水位报警器数量和质量情况	
建设单位代表:	施工单位代表:

3. 锅炉基础检查验收合格证书

锅炉基础应由土建施工单位、建设单位、安装单位三方共同检查验收,确认合格后,分别在合格证书上签字,以示负技术责任。

本合格证书除需在表中填写文字记录外,还应画出锅炉基础平面图,在图上标明各部位尺寸、预埋板、预地脚螺栓、预留地脚螺栓孔等的位置及相关尺寸,并将实际测量尺寸与图纸尺寸的偏差填在平面图中,随同本记录一起存档。

本记录用于锅炉基础、锅炉风机基础、除尘器基础及各种泵类基础的检查验收填写时,只需要在表名(　　)中填写清楚设备名称即可。

基础检查验收合格证书见表7-4。

表7-4　锅炉(　　)基础检查验收记录

施工单位			
锅炉型号			
土建施工单位			土建施工负责人:
检查内容及技术要求		检测数据	
基础坐标位置偏差 ±20 mm			
基础各不同平面标高偏差 -20~0 mm			
基础平面外形尺寸偏差 ±20 mm			
凸台伤平面外形尺寸偏差 -20 mm			
凹台尺寸偏差 +20 mm			
基础上平面不平度偏差	每米　5 mm		
	全长　10 mm		
竖向垂直度偏差	每米　5 mm		
	全长　20 mm		
预埋地脚螺栓的	标高　+20~0 mm		
	中心距　±20 mm		
预埋地脚螺栓孔的	中心位置偏差　±20 mm		
	深度偏差　0~+20 mm		
	孔壁垂直度偏差　10 mm		
预埋锚板的	标高偏差　0~+20 mm		
	中心位置偏差　±5 mm		
	不水平度(带槽的锚板)偏差　5 mm		
	不水平度(带螺孔的锚板)偏差　2 mm		
建设单位	土建施工单位		安装单位
现场技术负责人: 检查员:	技术负责人: 检查员:		技术负责人: 质检员: 检查员:

4. 锅炉本体安装质量检查记录

锅炉本体的安装质量对锅炉安全运行有着重要意义,因此,各部位的记录要按要求认真填写。在填写记录时,还应按要求画出安装示意图并标出尺寸。工程在封闭前,必须请建设单位一起检查,验收后再封闭。

对各部位的安装尺寸,最好有建设单位人员参加检查,并在记录上签字。

钢架、锅筒与集箱的相互位置、炉墙板之间,前、后轴之间的相互位置及其尺寸偏差均需画出示意图,并在图上标明实际测量尺寸。

锅炉本体安装质量检查记录见表7-5至表7-10。

安装钢架时,应对钢架的平面位置、立面位置、垂直度、标高、水平度等进行认真的检查和测量,严格按照规范规定的偏差标准执行,不得超差。安装完毕后,要将实测数据,填写在附图上。钢架附图可分为上、下平面图,钢架左、右立面图,前排钢架、后排钢架、中排钢架的安装实测图等,详见图7-1至图7-8,图中符号"="表示该钢梁的水平度。

表7-5 锅炉本体安装质量检查记录

施工单位		
安装工序位置		施工图编号:
项目名称	钢架组装	工地负责人:
检查项目及技术要求		实际达到情况
钢柱中心线与基础画线位置的偏差 ±5 mm		
各立柱间距离偏差 ±1/1 000,最大不超过 10 mm		
各立柱、横梁标高差 ±5 mm		
各立柱相互间标高差 ±5 mm		
各立柱不垂直度偏差 1/1 000,全高不超过 10 mm		
各立柱上下两水平面的相应对角线长度差 1.5/1 000,最大不超过 15 mm		
支撑锅筒的横梁不水平度偏差 1/1 000,全长不大于 3 mm		
横梁的不水平度偏差 1/1 000,全长 5 mm		
每两立柱的铅垂面内两对角线的不等长度偏差 1/1 000,最大 10 mm		
绘出钢架平面图及前、后、左、右立面图,并将测得尺寸标注图上		
建设单位	施工单位	备注
现场负责人: 检查员:	项目经理: 施工员: 检查员:	

表7-6 锅炉本体安装质量检查记录

施工单位		
安装工序位置		施工图编号:
项目名称	锅筒和集箱	工地负责人:
检查项目及技术要求		实际达到情况
锅筒纵向中心线与钢架纵向中心线偏差 ±5 mm		
锅筒、集箱纵、横中心线标高差 ±5 mm		
锅筒、集箱不水平度,全长 < 2 mm		
锅筒间、集箱间距离偏差 ±3 mm		
水冷壁集箱与立柱间距离偏差 ±3 mm		
过热器集箱两对角线不等长度 < 3 mm		
过热器集箱与蛇形管最底部的距离偏差 ±5 mm		
绘出示意图,并把尺寸标注在图上		
建设单位	施工单位	备注
现场负责人:	项目经理: 施工员:	
检查员:	检查员:	

表7-7 锅炉本体安装质量检查记录

施工单位	
安装工序位置	施工图编号:
项目名称 受热面管的胀接或焊接	工地负责人:
检查项目及技术要求	实际达到情况
个别管子突出组合面不同线度不大于 ±5 mm,共多少根管,超差多少根	
整形后弯管外形偏差　管口不大于　2 mm	
管段不大于　5 mm	
管子中心距离偏差不大于 ±3 mm	
胀管率1.5% ~1.9%	
管端伸出管孔长度 6 ~12 mm,锅筒内共有多少个胀接管端,超差多少根	
补胀次数 ≤2 次	
焊管管端伸出管孔长度 5 ~6 mm,共多少根焊接管端,超差多少根	
对接焊缝数量,合格数量,返修后合格数量	
角焊缝数量,合格数量	
对接管口错位,合格数量,返修数量,超差数量	
对接口弯折度合格数量,超差数量,绘制附图	

表 7-7(续)

建设单位	施工单位	备注
现场负责人:	项目经理:	
	施工员:	
检查员:	检查员:	

表 7-8 锅炉本体安装质量检查记录

施工单位		
安装工序位置		施工图编号:
项目名称	过热器	工地负责人:
检查项目及技术要求		实际达到情况
过热器联箱两端水平偏差 ±2 mm		
联箱标高偏差 5 mm		
各管排间、管间距偏差 5 mm		
每排管内,管间距应均匀,偏差不超过 ±5 mm,管间距超差数量		
个别管子突出组合面不超过 20 mm,合格数量,超差数量		
对接焊口,焊口数量,合格数量,返修数量		
角接焊口数量,合格数量		
管口错位合格数量,超差数量		
对接口弯折度合格数量,超差数量		
附图说明		
建设单位	施工单位	备注
现场负责人:	项目经理:	
	施工员:	
检查员:	检查员:	

表 7-9 锅炉本体安装质量检查记录

施工单位		
安装工序位置		施工图编号:
项目名称	省煤器及空气预热器	工地负责人:
检查项目及技术要求		实际达到情况
铸铁省煤器支撑架水平方向位置偏差 ±3 mm		
铸铁省煤器支撑架标高偏差 ±5 mm		
铸铁省煤器支撑架纵、横向不水平度 1/1 000		
钢管省煤器支撑梁水平置偏差 ±2 mm		
钢管省煤器支撑梁标高偏差 ±5 mm		
钢管省煤器支撑架纵、横向不水平度 1/1 000		

表 7 - 9(续)

检查项目及技术要求	实际达到情况
钢管省煤器对接口弯折度偏差 1/200,数量及超差数量	
钢管省煤器对接口错位,合格数量,超差数量	
附图说明	
预热器支撑框水平方向偏差不超过 ±3 mm	
预热器支撑框标高偏差不超过 ±5 mm	
预热器不垂直度偏差不超过 1/1 000	
预热器与钢架中心距离偏差不超过 ±5 mm	
附图说明	

建设单位	施工单位	备注
现场负责人: 检查员:	项目经理: 施工员: 检查员:	

表 7 - 10　锅炉本体安装质量检查记录

施工单位		
安装工序位置		施工图编号:
项目名称	链条炉排	工地负责人:

检查项目及技术要求	实际达到情况
炉排纵向中心线位置偏差 ≤2 mm	
墙板的标高偏差 ±5 mm	
墙板的不垂直度全高不得超过 3 mm	
墙板间距离偏差按图纸规定	
墙板间对角线不等长度 < 10 mm	
墙板框纵向位置偏差 ±5 mm	
墙板的纵向不水平度偏差 1/1 000,全长 < 5 mm	
两侧墙板顶面应在同一平面内,不水平度 < 1/1 000	
前、后轴不水平度偏差 < 1/1 000	
前、后轴中心线的相对标高差 < 5 mm	
鳞片式、链条式炉排的链条不等长度偏差 ≤3 mm	
前后轴平行度严格执行图纸安装公差	
风箱及除细灰装置的密封情况	
链轮、托辊轮在主轴上的间距偏差	
绘出前后轴与链轮、托辊轮图,炉墙版支架图,标明尺寸	

表 7 – 10（续）

建设单位	施工单位	备注
现场负责人： 检查员：	项目经理： 施工员： 检查员：	

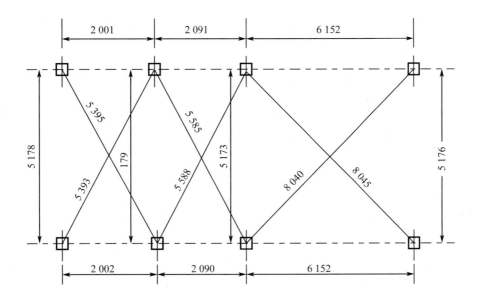

图 7 – 1　钢架上平面安装实测图

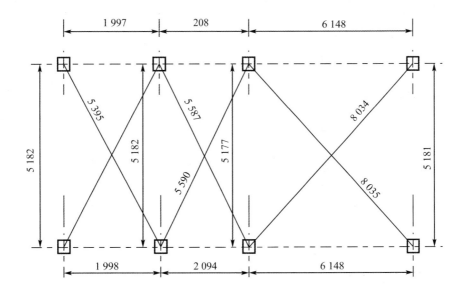

图 7 – 2　钢架下平面安装实测图

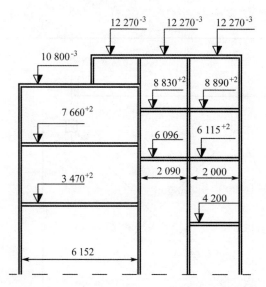

图7-3 P35/39-P型锅炉右侧钢架安装实测图

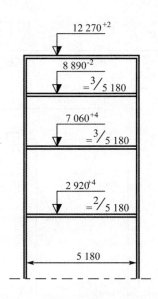

图7-4 P35/39-P型锅炉前排
钢架安装实测图

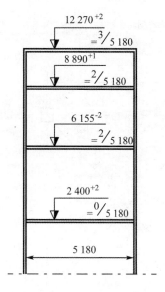

图7-5 P35/39-P型锅炉
中排钢架安装实测图

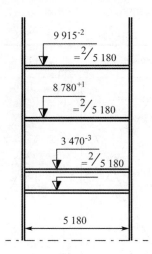

图7-6 P35/39-P型锅炉后中排钢架安装实测图

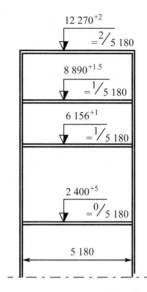

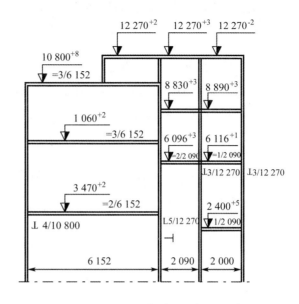

图 7 – 7   P35/39 – P 型锅炉后排钢架安装实测图

图 7 – 8   P35/39 – P 型锅炉左侧钢架安装实测图

5. 受热面管通球试验记录

受热面管通球试验记录见表 7 – 11。

表 7 – 11   受热面管通球试验记录

建设单位：			施工单位：		
试验部位(名称)		图纸编号：		通球编号：	
试验甲方代表：			试验乙方代表：		
通 球 试 验 记 录					
球径尺寸		球保管人		日期	
试验结果及问题处理办法					
建设单位代表签字：			施工单位代表签字：		

受热面管通球试验记录分为现场对接焊口通球试验记录和安装前通球试验记录。填写时,应清楚写明,比如水冷壁管现场对接焊通球试验记录或过热器管安装前通球试验记录等。

在试验结果一栏里,要填写清楚如下内容:一共有多少根什么规格的管子,球顺利通过的有几根,球通不过去的有几根,采取什么措施后,球能通过的有几根,还有几根通不过去的等。对于球通不过去的管子要与建设单位商量处理意见,并填入通球试验记录中去,以便存档备查。

6. 压力试验报告单

压力试验报告单属于通用记录。受热面管子、铸铁省煤器管单根水压试验,阀门水压试验,组合件水压试验,总体水压试验等均用此表,只需在试压名称一栏中写清即可。压力试验报告单见表 7-12。

表 7-12　压力试验报告记录

工程名称				报告日期	
试压名称			制造厂名称		
合格证号				型　号	
试验介质		介质温度	℃	自然温度	
超压试验时间	日	时	分至	日	时　分
稳压试验时间	日	时	分至	日	时　分
试压时间	日	时	分至	日	时　分
结果					
检查意见					
建设单位代表(签字)			施工单位代表(签字)		
	年　月　日			年　月　日	

7. 现场焊接记录

现场焊接记录见表 7-13。焊接受热面管时,对每个焊工,每天焊接的焊缝都要按质量标准进行检查,并将检查结果填写在表 7-13 中。

表 7 – 13　现场焊接记录

焊接项目：

焊工姓名：

焊接日期：　　　　　　　　　　　气候：

序号	分部分项工程	焊口编号	焊工代号	外观检查	对口错位	对口弯折度	检查结论	质检员签字
当日焊口外观检查结果	共检查焊口＿＿＿个,合格＿＿＿个,不合格＿＿＿个,其中,焊缝几何尺寸超差＿＿＿个,焊瘤＿＿＿个,咬边超差＿＿＿个,夹渣＿＿＿个,未焊透＿＿＿个,不合格焊口处理意见:							

甲方代表签字：　　　　　　　　　　施工员签章：

8.部件焊缝检查记录

部件焊缝检查记录,是指记录水冷壁、过热器、钢管省煤器、本体管道等的焊缝质量情况,项目要填写清楚。

表中的项目,不一定每种部件都有,要有哪些项目就检查填写哪些。部件焊缝检查记录见表 7 – 14。

表 7 – 14　(　　　　)部件焊缝检查记录

建设单位代表		工程项目名称		
锅炉型号		制造厂家		
检查单位		焊口个数		焊口分类
焊工姓名		钢印代号		
母材材质及规格		焊材材质及规格		焊接种类

检查结果:

1.外观检查:焊口总数＿＿＿个,合格＿＿＿个,不合格＿＿＿个,经返修合格＿＿＿个。

2.机械性能:按1/100取机械性能试样＿＿＿个,经 X 光照相合格,拉伸试验合格＿＿＿个,弯曲试验:面弯＿＿＿个合格,背弯＿＿＿个合格。

3.断口试验:按1/200取断口试样,经 X 光照相合格,作断口试验,全部＿＿＿个合格,存在问题:

4.X 光探伤检查:按规程规定,现场进行＿＿＿% X 射线探伤抽查,共抽查＿＿＿个焊口,一级片＿＿＿个,二级片＿＿＿个,三级片＿＿＿个。经返修,并加倍抽查达到＿＿＿级片合格。

检查单位：　　　　　　　检查员：　　　　　　　评片员：

9. 试胀记录卡

试胀是正式胀接之前必不可少的工序,所以必须认真地进行试胀工作,并将试胀的有关数据,按表 7 – 15 所列的内容填写清楚。

表 7 – 15　试胀记录卡

工地名称			工地负责人		
锅炉型号		制造厂		工作压力	
试胀板的来源			试胀板材质编号		
锅筒材质牌号			锅筒与试胀板厚度		
待胀管材质、牌号及布氏硬度					
公称直径			公称孔径		
试胀工作记录	胀管器质量情况:				
	胀后管端的塑性变形情况:				
	接口部分是否有裂纹:				
	胀接过渡过程的变化:				
	水压试验情况:				
	孔壁与管外壁接触情况:				
	试胀管根数及胀管率?结合水压实验结果,进行综合分析				
	合理胀管率的选取及依据				
试胀负责人签字:			检查员签字:		

10. 锅炉安装胀管质量检查记录

胀管是工业锅炉安装的重要环节之一。表 7 – 16 中所列是胀管的主要检查项目。填写胀接记录时,除了按表 7 – 16 的内容填写之外,还应按胀管率计算公式 $H = (d_1 - d_2 - a/d_3) \times 100\%$ 列表,并分别标出每个管孔的 d_1、d_2、d_3 和未胀时的管外径四个数值,以便随时计算出每个管孔的胀管率,同时还要附锅筒展开图。对有问题的管孔、管端、胀口要做出详细的记录。

表 7 – 16　锅炉安装胀管质量检查记录

建设单位			施工单位	
锅炉型号		工作压力		胀管负责人
项目名称				

锅筒管孔检测结果

管孔总数＿＿＿个,合格＿＿＿个,公称直径超差＿＿＿个,光洁度超差＿＿＿个,不柱度超差＿＿＿个,纵向沟纹超差＿＿＿个,螺旋沟纹超差＿＿＿个。

要求:每个管孔逐个测量,将所测数据分别详细标记在锅筒管孔展开图上。

表 7 - 16（续）

受热面管检查结果

受热面管共_____根,其中对流管_____根,水冷壁管_____根,直管段挠度超差_____根,弯曲管不平度超差_____根,弯管端部偏移超差_____根,校正后合格_____根。

要求:将磨完的管逐根编号,测量其直径,填写在管端直径记录表上,同时计算出每个胀口的胀管间隙。

胀接检查结果

管端伸出长度超差_____个,胀口偏挤_____个,胀口裂纹_____个,胀口泪痕_____个,胀口渗漏_____个,补涨后合格_____个,仍渗漏(补涨两次后)_____个,采取何种措施。

附:胀接详细记录表如图。

建设单位意见		施工单位意见	
现场负责人:		主管领导:	
现场员:		检查员:	

11. 焊前考样试验报告单

有证焊工在正式上炉施焊之前,要进行焊前考样试验,焊前考样合格者才有上炉施焊的资格。要将焊工焊前考样的焊缝外观验记录、射线探伤记录,焊缝的机械性能检验记录、金相检验记录等存入锅炉安装技术档案。记录的格式见表 7 - 17 和表 7 - 18。

表 7 - 17 焊缝 X 射线检验报告

序号	焊工姓名或代号	焊接		试件名称	规格	代号	灵敏度/%	片号	底片反应缺陷	结论
		种类	位置							
锅炉型号:					备					
射线探伤部位及元件尺寸:					注					

表 7 – 18　（　　　）检验报告单　　　　　年　月　日

部件名称		钢　号		材料规格		试样数量	
焊接种类		焊工姓名		锅炉型号			
焊工钢印				来样编号		技术条件	
申请单位		附　注				共　页　第　页	

	试样来号	屈服强度 δ_s /(kg·mm^{-2})	强度极限 δ_b /(kg·mm^{-2})	延伸率 $\delta/\%$	断口位置	冲击韧性 α_K /(J·cm^{-2})	弯曲试验/(°)	压扁试验	硬度	检验员
机械性能检验结果										
										组长
金相检验结果										检验员
										组长

实验室主任：

结论

12. 焊材、母材复验记录

对锅炉安装用的焊材(焊条、焊丝)以及对制造厂用于受压元件的材料的材质了解不清或有怀疑时,应对其进行化学元素分析,并进行机械性能等项目的复验,必要时还应进行金相检验。上述检验项目及格式见表 7 - 19。

表 7 - 19　焊材、母材复验记录

材料名称			牌号或钢号				规　格				生产厂		
材料用途			试样数量				试样来号				技术条件号		
申请单位					附　注					共　页		第　页	
化学分析	试样来号	试样号	$w(C)$ /%	$w(Si)$ /%	$w(Mn)$ /%	$w(P)$ /%	$w(S)$ /%	$w(Cr)$ /%	$w(Ni)$ /%	$w(W)$ /%	$w(V)$ /%	$w(Mo)$ /%	$w(Ti)$ /%	%	化验员
机械性能检验	试样来号	屈服强度 δ_s/ (kg·mm^{-2})	强度极限 δ_b/ (kg·mm^{-2})	延伸率 δ/%	断口收缩率 ψ/%	冲击值 α_K /(J·cm^{-2})	时效冲击值 α_K /(J·cm^{-2})	弯曲试验	压扁试验	扩口试验	硬度
金相检验											
结论											

13. 合金钢零部件光谱试验报告单

有的锅炉一部分受热面管是用合金钢管制造的,相应的集箱或锅筒上的管接头也是采用合金钢管制造的,甚至主蒸汽的连接螺栓也用合金钢制造。为了严格区分材质,避免用混材料,便于在安装现场确定合理的焊接工艺,故对合金钢零部件必须逐个进行光谱检验,以求确定其材质。

光谱试验报告单见表 7 - 20。填写光谱试验报告单时,必须附图,要对管子和管接头编排、编号,并且写明某排某号管或管接头是什么材质。

表 7 − 20   合金钢零部件光谱实验报告单

被检零件名称		设计材料		数量		规格	
所属部件名称			光谱试验机型号			使用电源	
被检零件的表面处理				光谱员姓名			

被检零部件示意图及管接头编号:	光谱检验结论:	
处理意见:	建设单位: 代表: 　　　　　年　　月　　日	施工单位: 代表: 　　　　　年　　月　　日

对于其他合金钢零件,也要写明零件名称、所在部件的名称、数量、光谱分析后确认的材质等项。填写时,要按类型、规格分别填写,不可笼统地填在一张记录表中。

14. 锅炉安装预留膨胀间隙记录

工业锅炉在安装时,应按图纸及有关资料的规定留足热膨胀间隙。

工业锅炉是在冷态下进行安装的,而锅炉又是在热态下工作的。锅炉有的部位冷态和热态的温差达 1 000 ℃,同一部位的零部件,由于所用的材料不同,其热膨胀系数也不一样,因而其线膨胀量也不一样。为了防止零部件之间热态时互相顶撞或使相互活动间隙减小,在安装时必须留有充足的热膨胀间隙,并认真做好记录。记录的格式及内容见表 7 − 21。

表 7 − 21   锅炉安装预留膨胀间隙记录

锅炉型号		工作压力		出厂编号	
间隙名称	膨胀方向	规定公差	实测尺寸	施工者签字
锅筒、集箱纵向膨胀间隙				
锅筒、集箱支座预留间隙				
有膨胀位移的螺栓连接处				
运行中有相对位移的管段				
过热器、再热器边缘管与炉墙间隙				
省煤器边缘管与炉墙间隙				
锅炉附属排气管热膨胀间隙				

表 7－21（续）

间隙名称	膨胀方向	规定公差	实测尺寸	施工者签字
水、砂封槽热膨胀间隙				
汽包、联箱外壳与密封板连接处				
通风梁通道膨胀间隙				
一、二次风滑动风门间隙				
炉排边部炉条与墙板间隙				
水冷壁管中心与炉墙表面间隙				

质量检查员：　　　　　　　　　　　　　　　　　　　　　　　　　　　　年　月　日

15. 水冷壁管的冷拉记录

水冷壁管安装完毕之后要进行冷拉，冷拉是一种特殊工艺。设计上有的要求冷拉，有的锅炉由于结构不同，则不要求冷拉。填写冷拉记录时，必须把冷拉方案、冷拉量等在记录中写清楚。表 7－22 为水冷壁管的冷拉记录。

表 7－22　水冷壁管冷拉记录

锅炉安装工地：	工地负责人：
锅炉型号：	制造编号：

冷拉方案：

　　　　　　　　　　　　　　　　　　　　　　　　　　　　项目技术负责人：

冷拉的各项指标记录及必要说明：

项目技术负责人：　　　　　　　　　　　　　　　　项目质量负责人：

16. 砌炉前后炉内外清理工作记录

在锅炉本体安装完毕之后，砌炉前必须进行炉内外的清理工作。这项工作就像医生手术完之后，检查手术器具是否落在人体里一样。砌炉前炉内外清理的目的，就是要把安装中的临时支吊架、绑线及各种杂物等清理干净。否则，一旦炉墙砌好之后，那些杂物就取不出来了，势必会影响锅炉的运行。这项工作不是什么技术工作，但必须按表 7－23 所列的项目，认真负责地做好清理工作，并要一丝不苟地填写记录表，切不可马虎行事。

表 7 – 23 砌炉前后炉内外清理工作记录

锅炉型号:	制造厂:
出厂编号:	工作压力:
锅筒内部清理 检查人:	上锅筒:
	下锅筒:
水冷壁、对流管束安装通球人及安装后清理人 检查人:	记录:
各集箱封闭前清理 检查人:	记录:
锅筒底座的膨胀螺栓 检查人:	上锅筒:
	下锅筒:
受热面管膨胀螺栓孔 检查人:	水冷壁管:
	对流管:
	再热器管:
	省煤器管:
各集箱膨胀螺栓孔 检查人:	记录:
点火前、炉排上表面、炉排片间、表面杂物清理 检查人:	记录:
鼓风机壳内封闭式车前检查及清理 检查人:	记录:
引风机壳内封闭式车前检查及清理 检查人:	
各风、烟道封闭前检查 检查人:	记录:
砌筑后,炉墙内外表面清理 检查人:	记录:

17. 锅炉砌筑、保温质量检查记录

锅炉的砌筑和保温,根据锅炉的不同用途,即非发力发电锅炉和火力发电锅炉的区别,而其检验的项目和合格标准也各不一样。

非火力发电锅炉砌筑质量检查记录见表 7 – 24,火力发电锅炉保温砌筑质量检查记录见表 7 – 25。

表 7 - 24　锅炉砌筑质量检查记录

建设单位					施工单位			
锅炉型号			制造厂		出厂日期		施工图号	
砌筑部位或名称					操作负责人		技术负责人	
序号	检查项目			偏差	检查方法		实际达到情况	
1	炉墙砖缝	燃烧室墙、拱		±1 mm	按砌体部位用塞尺各检查 10 点			
		挂顶砖						
		省煤器、烟道炉墙和拱						
		红砖墙						
2	炉墙垂直度		每米	3 mm	吊线和用尺检查每一面墙的两端和中间各 3 点			
			全长	15 mm				
3	挂砖下表面平整度			3 mm	用 1 m 靠尺和楔形塞尺检查 1~2 处			
4	耐火混凝土炉墙表面平整度			3 mm	用 1 m 靠尺和楔形塞尺检查 3~6 处			
5	膨胀缝宽度			0 ~ +5 mm	用尺检查 2~4 处			
建设单位	现场负责人： 质检员：				施工单位	项目经理： 施工员： 质检员：		

18. 锅炉附属设备安装质量检查记录

锅炉附属设备安装的难易程度有所不同,所要求的标准也视设备类型的不同而有较大的差异。表 7 - 25 至表 7 - 28 列出了工业锅炉常用的几种附属设备的安装检查记录。应按表中所列的项目及合格标准进行检验并认真填写记录。

表 7 - 25　锅炉附属设备安装质量检查记录(一)

施工单位				
安装工序位置			施工图号	
项目名称	鼓引风机、除尘器		工作负责人	
序号	检查项目	合格标准/mm	实际达到情况/mm	
1	风机安装偏差			
	标高偏差	≤ ±10		
	位置偏差	≤10		
2	轴承座纵、横向水平度	≤0.2/1 000		

表 7 – 25（续）

序号	检查项目	合格标准/mm	实际达到情况/mm
3	烟气进口标高	≤ ±3	
4	导向器固定标高	±3	
5	主体沿轴线水平度	≤ ±5	
6	联轴器安装两轴不同轴度引起的		
	径向位移	≤0.2	
	倾斜度	≤1.2/1 000	
	端面间隙	2~6	

建设单位		施工单位	备 注
现场负责人：		负责人：	
检查员： 年 月 日		施工员： 年 月 日	

表 7 – 26　锅炉附属设备安装质量检查记录（二）

施工单位				
安装工序位置			施工图号	
项目名称	烟、风道、离子交换器及泵类		工作负责人	

序号	检查项目	合格标准/mm	实际达到情况/mm
1	烟、风道		
	管子长度、管道长度方向偏差	±2/1 000	
	管道挠度偏差	≤2/1 000	
	长方形制件对角线偏差	2/1 000	
	长方形制件边长偏差	±2/1 000	
	圆形的椭圆度偏差	±3/100	
	法兰盘螺孔中心距管道中心线偏差	±1	
2	离子交换器及泵类		
	安装标高允差	≤ ±15	
	中心线位移偏差	≤ ±5	
	垂直度偏差	≤1/1 000	
	卧式和立式泵纵、横向不水平度	≤0.1/1 000	
	平面位置偏差	≤10	

建设单位		施工单位	备 注
现场负责人：		负责人：	
检查员： 年 月 日		施工员： 年 月 日	

表7-27 锅炉附属设备安装质量检查记录(三)

施工单位				
安装工序位置			施工图号	
项目名称	皮带输送机		工作负责人	
序号	检查项目	合格标准/mm	实际达到情况/mm	
1	机架中心线对输送机纵向中心线不重合度	≤3		
2	中间架、支脚对建筑物地面不垂直度	≤3/1 000		
3	纵向支架接头处左、右高低偏移	≤1		
4	纵向支架间距偏差	≤1.5		
5	纵向支架相对标高偏差不超过间距的	≤2/1 000		
6	滚筒轴心线对输送机纵向中心线垂直度	≤2/1 000		
7	托辊横向中心线对机架横向中心线垂直度	≤3		
8	各托辊上母线应在同一平面,其高度偏差	≤1.5		
9	滚筒和托辊上母线的不水平度偏差	≤0.5/1 000		
建设单位		施工单位		备 注
现场负责人: 检查员: 年 月 日		负责人: 施工员: 年 月 日		

表7-28 锅炉附属设备安装质量检查记录(四)

施工单位				
安装工序位置			施工图号	
项目名称	碎煤机		工作负责人	
序号	检查项目	合格标准/mm	实际达到情况/mm	
1	辊式碎煤机			
	可动辊与固定辊轴线不平行度	≤0.2/1 000		
	机架的纵、横向不水平度	≤0.2/1 000		
2	锤式碎煤机			
	机座的横向不水平度	≤0.1/1 000		
	机座的纵向不水平度	≤0.5/1 000		
3	球磨机			
	两主轴承底盘纵向轴线不同轴度	≤0.5		
	两主轴承底盘横向轴线不同轴度	≤0.5		
	主轴承底盘不水平度	≤0.1/1 000		
	主轴承底盘相对标高	≤0.5		

表 7 – 28（续）

序号	检查项目	合格标准/mm	实际达到情况/mm
	主轴承与底盘四周接触间隙	≤0.1	
	筒体装在主轴上以后两中空轴承的上母线标高偏差	≤1	
4	竖井式磨煤机		
	底座中心线位置允差	≤ ±10	
	底座标高偏差	≤ ±5	
	转子不水平度允差	±1/1 000	
	转子全长不水平度允差	≤2	

建设单位		施工单位		备　注
现场负责人：		负责人：		
检查员：　　　年　月　日		施工员：　　　年　月　日		

19. 锅炉安装单机试车记录

锅炉安装单机试车不仅是运行前的必要准备，而且更重要的是通过单机试车，可发现安装中存在的问题，以便及时调整。所以在单机试车时，应按表 7 – 29、表 7 – 30 所列的项目进行认真观察，以便发现问题，哪怕是微小的问题，也应及时发现、及时解决，以免留下隐患。填写单机试车记录时，要细心、认真。

表 7 – 29　锅炉安装单机试车记录（一）

建设单位			施工单位		
单机名称	链条炉排	所在部位	燃烧设备	记录编号	
承装负责人		试车负责人		记录员	
需观测部位		要求		实际达到情况	备注
运转条件		需在冷态 8 h 以上			
试运速度		在两级以上			
运转中的杂音		无			
卡住现象		无			
炉排凸起		无			
炉排跑偏		无			
齿轮箱内齿轮啮合		无杂音			
		无漏油			
		油标在规定之上			

表7-29(续)

需观测部位	要求		实际达到情况	备注
各部轴承	无杂音			
	滑动轴承温升	不高于65 ℃		
	滚动轴承温升	不高于80 ℃		
	不滴油			
建设单位	施工单位		质检单位	
现场负责人： 检查员：	项目经理： 施工员：		负责人： 检查员：	

表7-30　锅炉安装单机试车记录(二)

建设单位			施工单位		
单机名称	胶带输送机	所在部位	输煤系统	记录编号	
承装负责人		试车负责人		记录员	

需观测部位	要求		实际达到情况	备注
试运时间	不得低于3小时			
启动和停止时胶带	不得有打滑现象			
胶带跑偏	不得超过托辊滚筒边缘			
胶带运行情况	不得有刮带、磨带现象			
载煤时	全部托辊应转动灵活			
滚柱逆止器	工作应正常			
联锁和各种事故按钮	工作状态良好			
减速器	振动不应超过0.1 mm,不应漏油			
	箱内润滑油不低于油标			
轴承温升	滑动轴承温升	不高于65 ℃		
	滚动轴承温升	不高于80 ℃		
建设单位	施工单位		质检单位	
现场负责人： 检查员：	项目经理： 施工员：		负责人： 检查员：	

20.锅筒内部装置安装检查验收记录

锅筒内部装置的安装常被人们所忽视。正因如此,在安装时,必须按表7-31所列项目认真地进行检查,并将结果填入表中。

表 7 - 31　锅筒内部装置安装检查验收记录

施工单位				
安装工序位置		锅筒	技术条件	
项目名称		锅筒内部装置	负责人	
序号		检查项目	偏差/mm	实际达到情况/mm
1	锅筒内部装置中型钢、管子	不直度每米	≤1.5	
		长度<10 m,全长不直度	≤6	
		长度>10 m,全长不直度	≤10	
2	匀气、清洗、水下孔板	平直度每米	≤2	
		对角线之差	≤3	
3	隔板、挡板、托水板、水下孔板	相对于锅筒中心线尺寸偏差	≤±5	
4	封板	相对于锅筒中心线的偏距	≤5	
		水下封板高度尺寸偏差	5	
5	缝隙挡板	立管间蒸汽通道尺寸偏差	≤±5	
		挡板边缘至锅筒中心线尺寸偏差	≥±5	
6	排污管、加药管、集气管、给水分配管、蜗壳分离器等	至锅筒中心线尺寸偏差	≤±5	
7	水下孔板	横向倾斜	≤2	
		纵向相邻两块孔板间高度偏差	≤2	
		相邻两块孔板板间距偏差	≤2	
8	蒸汽清洗孔板	孔板横向倾斜	≤2	
		纵向最大偏差	≤5	
		相邻两块孔板的间隙偏差	≤1	
		孔板至锅筒中心线尺寸偏差	≤±5	
9	匀气孔板	至锅筒中心线尺寸偏差	≤±5	
		孔板横向倾斜	≤2	
		纵向相邻两块孔板高度偏差	≤2	
		纵向最大偏差	≤8	
		相邻两块孔板的间隙偏差	≤1	

建设单位	施工单位	备　注
现场负责人: 检查员:	项目经理: 施工员: 检查员:	

21.烘炉记录

烘炉期间要定期测量有关部位的温度,并根据温升与时间的关系绘出温升曲线图,将测得的数据和温升曲线图一并填入表7-32中。

表7-32 烘炉记录

施工单位				
安装工序位置		烘炉	技术条件	
项目名称			负责人	
序号		检查项目	偏差/℃	实际达到情况/℃
1		火焰在炉膛中的位置		
2		链条炉排在烘炉过程中定期转动间隔时间		
3	烘炉温升测定	重型炉墙 第一天温升	≤50	
		重型炉墙 后期每天温升	≤20	
		重型炉墙 后期烟温	≤220	
		轻型炉墙 每天温升	≤30	
		轻型炉墙 后期烟温	≤160	
		混凝土 每天温升	≤10	
		混凝土 后期烟温	≤160	
		混凝土 在最高温度范围内持续时间	≥1 昼夜	

4.烘炉温升曲线图:

建设单位	施工单位	备 注
现场负责人:	项目经理:	
检查员:	施工员:	
	检查员:	

22.煮炉记录

煮炉记录是表7-33中所列的项目及内容填写。

表 7 – 33　煮炉记录

施工单位				
安装工序位置		煮炉	技术条件	
项目名称			负责人	
序号		检查项目	偏差	实际达到情况
1	加药配方和加药量	氢氧化钠(NaOH)	$2 \sim 3kg/m^3$ 水	
		磷酸三钠($Na_3PO_4 \cdot 12H_2O$)	$2 \sim 3kg/m^3$ 水	
		当铁锈较厚时加药量	$3 \sim 4kg/m^3$ 水	
2	用碳酸钠时(Na_2CO_3),加药量		$6kg/m^3$ 水	
3	煮炉末期蒸汽压力应保持在工作压力		75%	
4	时间		$2 \sim 3$ 天	
5	炉水碱度		≥45 毫克当量/升	
6	煮毕应冲洗药液接触的各部位			
7	排污阀应不堵塞			
8	煮炉后要求	锅筒和集箱内壁应无油垢		
		擦去附着物后金属表面应无锈斑		

建设单位	施工单位	备　注
现场负责人: 检查员:	项目经理: 施工员: 检查员:	

23. 安全阀定压记录

安全阀定压时,建设单位和施工单位要派人参加,定压记录按表 7 – 34 内容填写。

表 7 – 34　安全阀定压记录

锅炉型号			使用单位	
安全阀型号及参数				
安全阀排气管应符合要求				
安全阀排水管应符合要求				
安全阀标定结果	锅筒安全阀			
	可分式省煤器出口安全阀			
	过热器出口安全阀			
	再热器入口安全阀			
	再热器出口安全阀			
建设单位参加人员:		施工单位参加人员:		
年　月　日		年　月　日		

24.72 小时整体试车记录

锅炉各部位安装完毕并经单机试车合格后,要进行 72 小时整体试车。试车时,要按表 7-35 所列的项目进行检验并填写相关记录。

表 7-35　72 小时整体试车记录

建设单位			施工单位		
试机内容		试机部位		试机时间	
安装负责人		试车负责人		记录员	
观测部位	要求与标准			实际达到	备　注
锅炉本体	膨胀部位应正常				
	严密性应良好				
	轴承温度应正常				
	转动部位振动应低于 0.1 mm				
	燃烧情况达设计要求				
辅助机械	机械振动低于 0.1 mm				
	齿轮箱各部位正常				
	轴承温度正常				
	各传动部位正常				
附属管道	无漏水、跑气现象				
	各阀门启闭灵活				
	各仪表灵活准确				
	其他正常				
锅炉附件	压力表应符合规程要求并指示准确				
	安全阀应开启灵活并准确				
	水位表应符合规程要求并易于观察				
	排污装置应开启灵活并符合规程要求				
建设单位技术负责人:		施工单位技术负责人:		备注:	

【任务实施】

按照 2×SHL20-1.6-AⅡ型蒸汽锅炉安装内容和施工组织设计,确定应该填写安装过程记录明细并填写相应记录。

1. 锅炉安装记录明细表(表 7 - 36)。

表 7 - 36　锅炉安装记录明细表

序号	安装记录名称	记录项目	记录内容简介

2. 安装记录填写。

【复习自查】

1.《锅炉安全监察规程》要求记录内容符合什么?

2. 基础验收记录与设备安装记录有何关联?

3. 锅炉设备安装记录由哪些人记录?

4. 现场焊接记录中焊工姓名必须与实际施焊者相符吗?

任务三　安装质量证明书及工程移交

【学习目标】

知识目标:

了解锅炉安装质量证明书内容;熟练填写质量证明书。

技能目标:

掌握安装项目工程移交流程;善于编制移交资料明细并进行移交工作。

素质目标:

养成创新学习的习惯;建立追求新思维的胆识。

【任务描述】

给定 2×SHL20 - 1.6 - AⅡ型蒸汽锅炉安装内容和施工组织设计及全部技术资料,包括锅炉安装技术资料:质量证明书、设备合格证及相关文件;锅炉安装记录:钢结构与平台安装,锅筒、集箱安装,受热面安装,锅炉砌筑,燃烧设备安装,锅炉辅助设备安装,锅炉烘煮和 72 h 试运行等施工过程记录,制定并填写《锅炉安装质量证明书》并制订工程移交方案。

【知识导航】

工业铝炉安装经各阶段验收合格,并经单机试车、整体试车、汽密性试验之后,安装单位应向建设单位进行移交。移交分两项:一是现场实物移交;二是资料移交。

现场实物移交应由安装单位技术负责人及安装、试车的主要工人师傅向建设单位有关人员交接如下内容：

1.各操作部位的开启、关闭方法和要领,特别是鼓风机、引风机、旁路烟道门、各分风箱风道挡板等部位的开启、关闭位置,应向操作者交代清楚,以免误操作。

2.讲清给水阀门、主蒸汽门、各排污阀门的位置及开关程度与手轮移动次数的关系。

3.讲鼓、引风量与给煤量的配比关系以及炉排转数与给煤量的关系。

4.交接专用操作工器具。

资料移交主要包括下列内容：

1.所有的安装记录和试车记录;

2.施工后的竣工图;

3.施工中的设计变更及技术签证及记录(表格的形式各部门可根据需要设计);

4.焊接检验的各种试验报告、材质复验证明单、焊前考样检验报告单等;

5.锅炉安装质量证明书。

在上述各种移交手续都办完后,安装单位应签发锅炉安装质量证明书,在这份质量证明书中各项签字盖章均应全。

锅炉安装质量证明书应按表7-37所列的内容填写。

按《中华人民共和国经济合同法》规定,在建设单位向安装单位付清全部施工费用后,安装单位方可向建设单位办理移交,否则,安装单位有权暂缓办理移交。

表7-37　锅炉安装质量证明书

锅炉型号	
锅炉制造厂	
锅炉出厂日期	
质量证明书编号	
特种设备部门审批编号	
锅炉图纸审批编号	
安装编号	
合同号	
安装单位	
竣工日期	
建设单位	

本工程施工经特种设备监察机构审批、备案。施工中和竣工时经自检、互检、公司质量检查部门、主管特种设备监察机构的检查并与使用单位共同验收,确认符合国家 TSG G0001—2012《锅炉安全技术监察规程》和 GB 50273—2009《锅炉安装工程施工及验收规范》的要求及有关规定,在正常操作情况下,可以保证安全运行。

质量鉴定评语:

表 7 – 37(续)

施工部门	质量检查员：
	负责人：
检验部门	质量检查员：
	负责人：
施工单位	总工程师：
	负责人：

【任务实施】

根据 2 × SHL20 – 1.6 – A Ⅱ 型蒸汽锅炉安装技术资料及施工记录,编写锅炉安装质量证明书并制订工程已交方案。

【复习自查】

1. 锅炉安装质量证明书与锅炉质量证明书有何区别?
2. 锅炉安装质量证明书说明了什么?
3. 锅炉安装工程项目移交有哪些内容?
4. 工程项目移交的主体和客体是什么?

【项目小结】

锅炉安装技术资料是贯穿于锅炉设备安装过程始终的一项任务,技术资料的内容包括安装前技术资料准备,主要是锅炉及辅助设备相关资料、施工工艺资料和监检部门要求的技术资料,安装过程中的记录资料和检验资料,安装结束后的检验资料、验评资料等。

参 考 文 献

[1]张世源,李洪花.锅炉安装实用手册[M].北京:机械工业出版社,1996.

[2]龚克崇,盖仁柏.设备安装技术实用手册[M].北京:中国建材工业出版社,1999.

[3]王俭.工业锅炉安装与检验[M].哈尔滨:黑龙江科学技术出版社,1987.

[4]刘洋.工业锅炉技术[M].哈尔滨:哈尔滨工程大学出版社,2014.

[5]同济大学.锅炉与锅炉房工艺[M].北京:中国建筑工业出版社,2011.

[6]夏喜英.锅炉与锅炉房设备[M].哈尔滨:哈尔滨工业大学出版社,2008.

[7]工业锅炉房实用设计手册编写组.工业锅炉房实用设计手册[M].北京:机械工业出版社,1991.

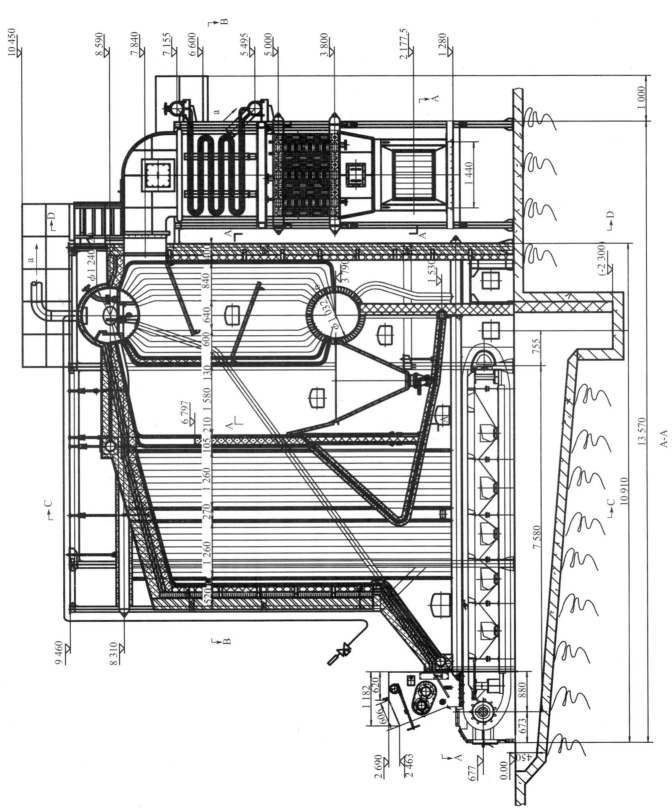

图1-1　2×SHL20-1.6-AⅡ型蒸汽锅炉总图

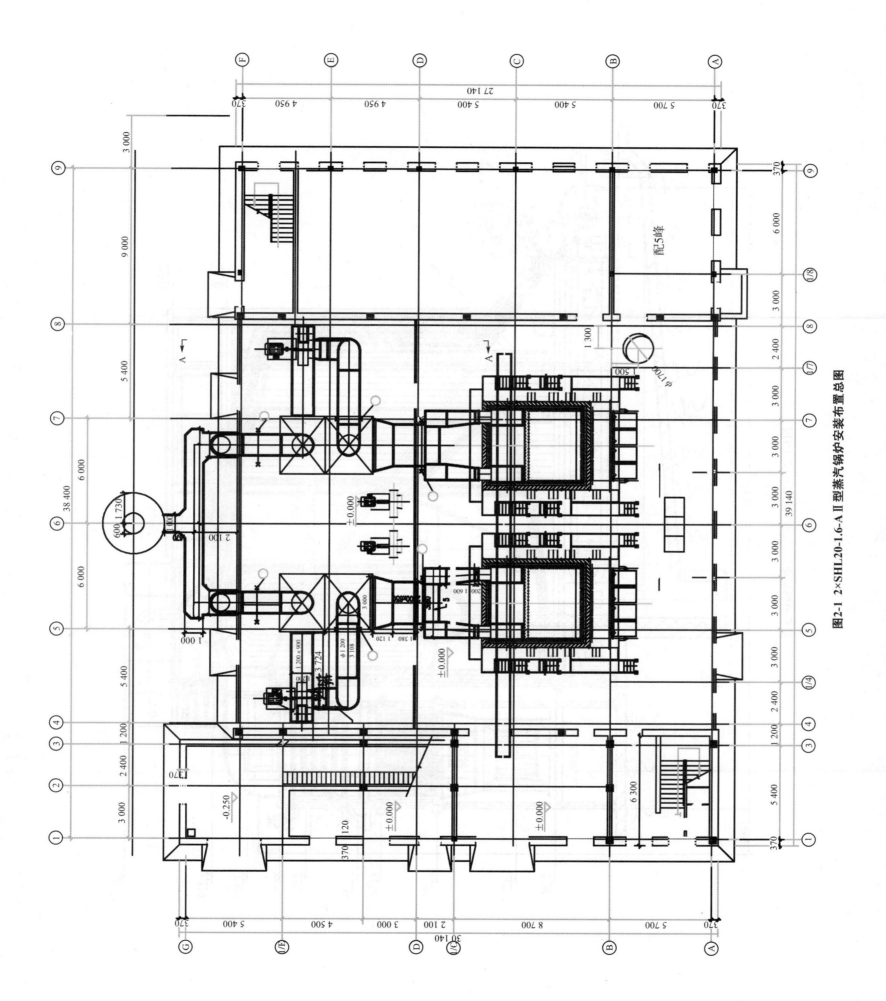

图2-1 2×SHL20-1.6-AⅡ型蒸汽锅炉安装布置总图

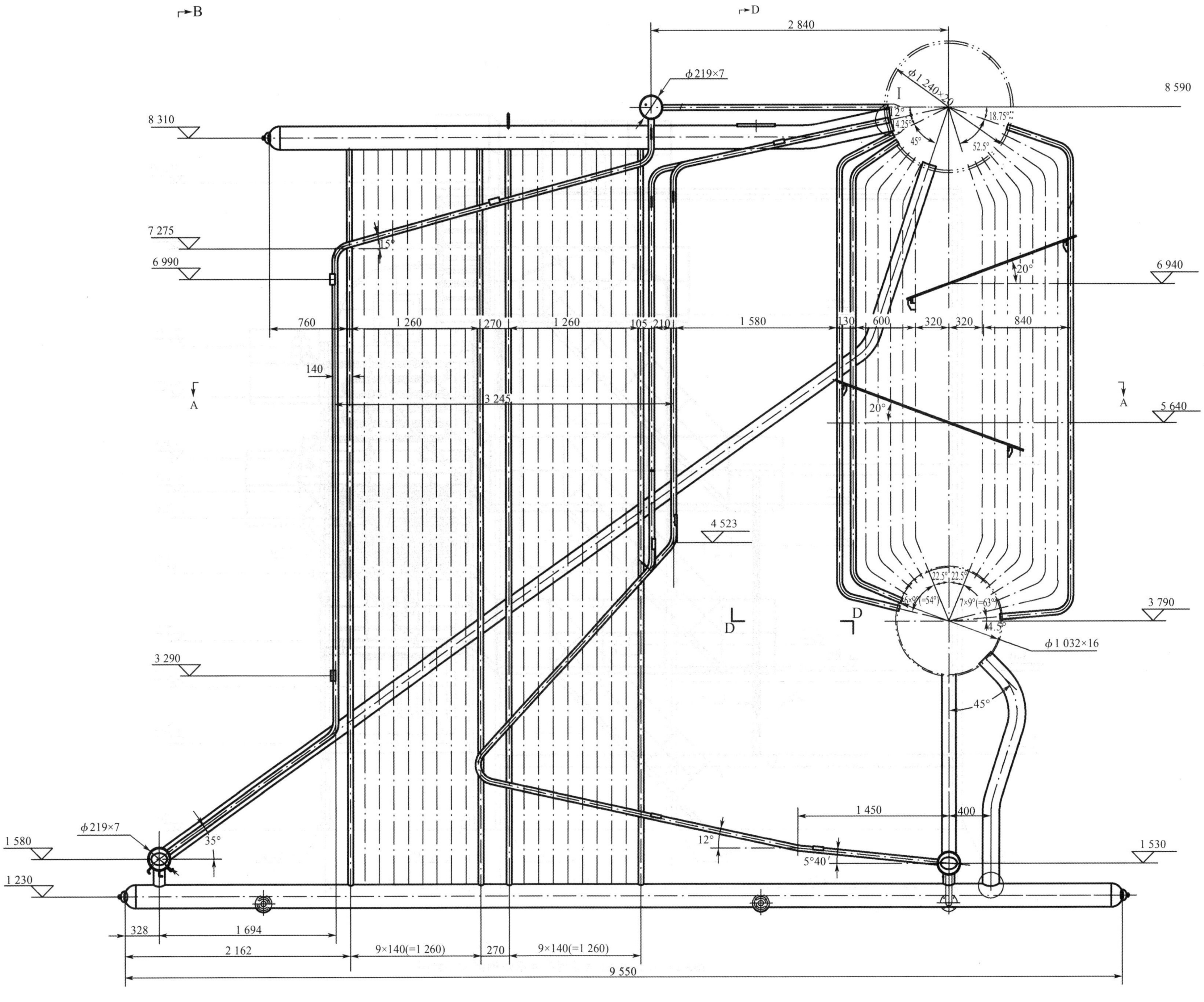

图3-1　2×SHL20-1.6-AⅡ型蒸汽锅炉本体结构图

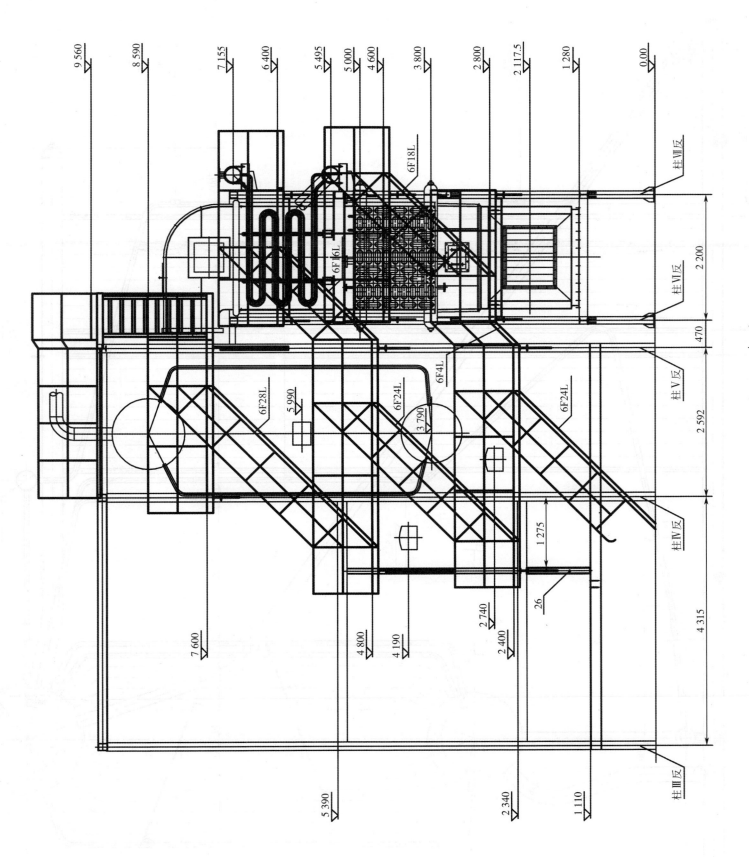

图3-16 SHL20-1.6-AⅡ型蒸汽锅炉钢结构平台图

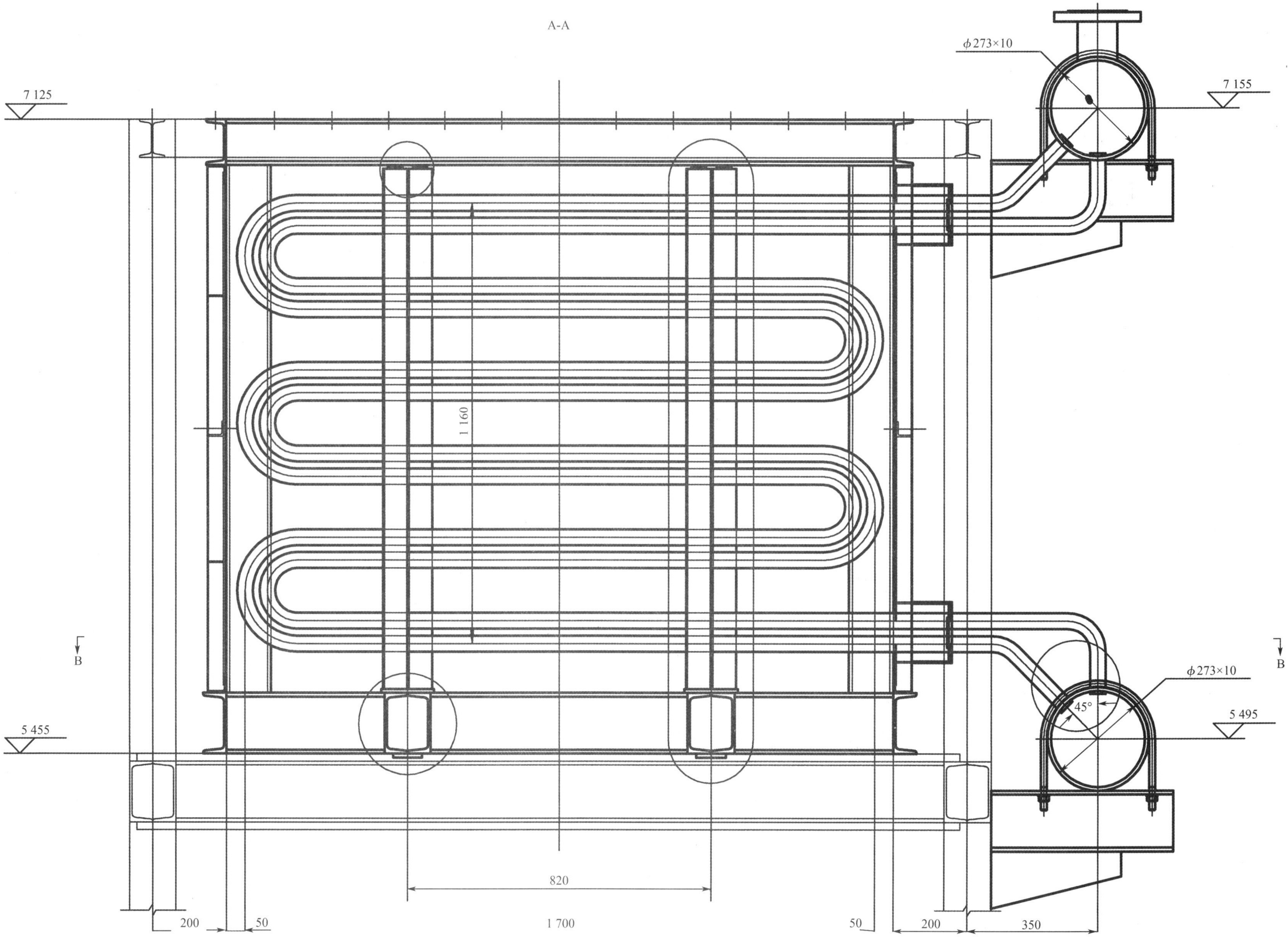

图3-40 20 t/h蒸汽锅炉过热器结构图

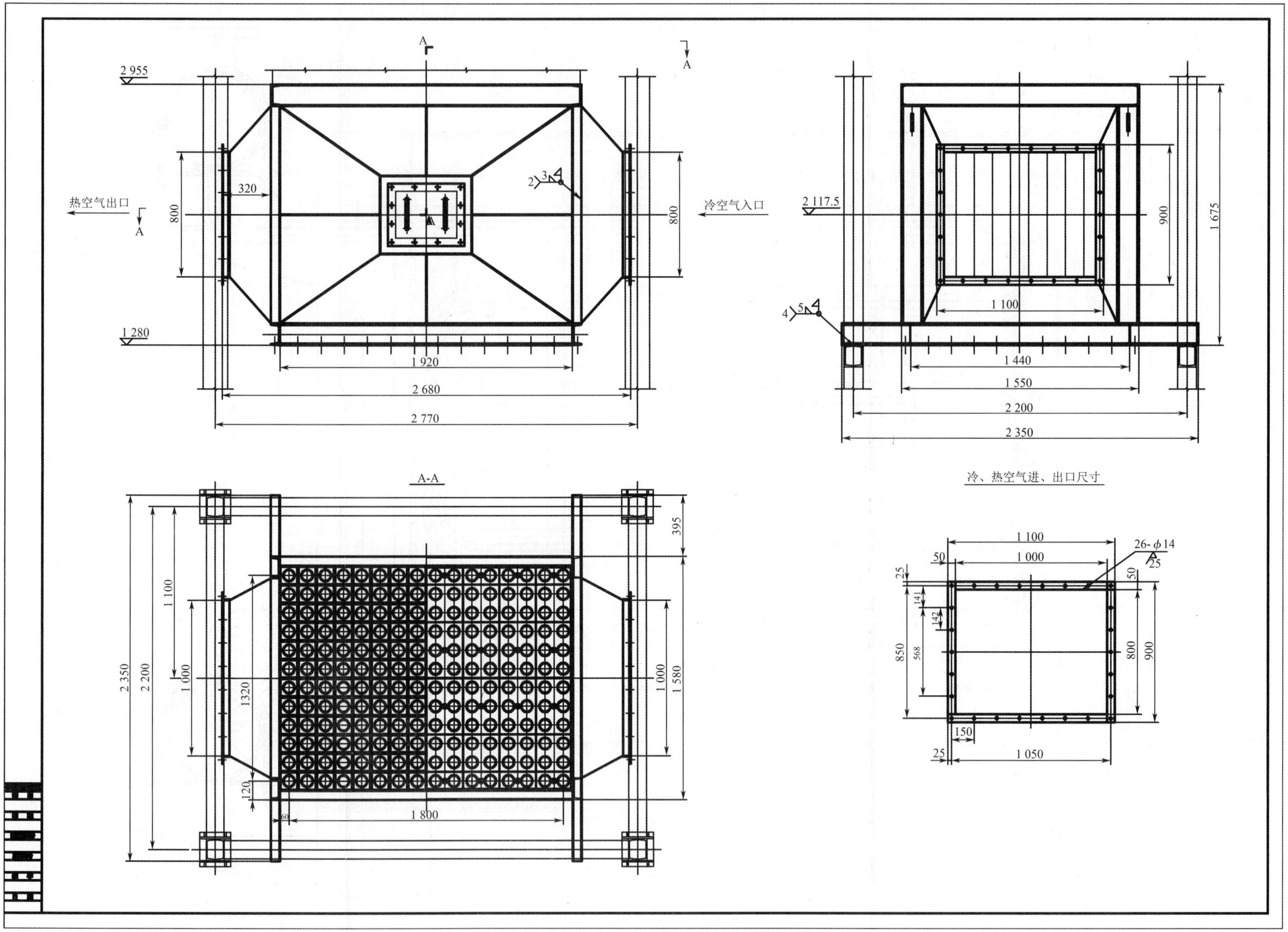

冷、热空气进、出口尺寸

冷空气入口

热空气出口

A-A

图3-41 20 t/h蒸汽锅炉空气预热器结构

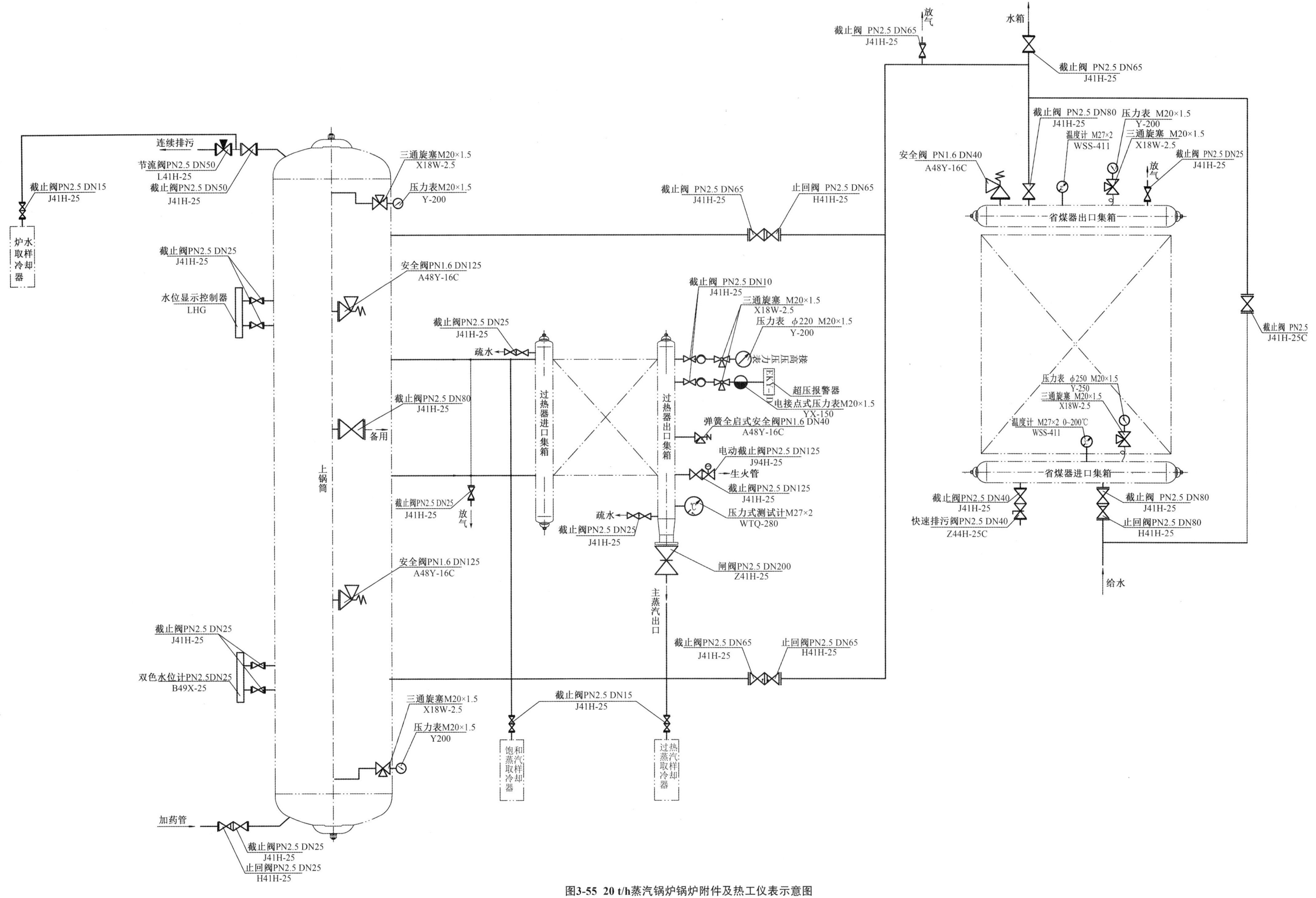

图3-55 20 t/h蒸汽锅炉锅炉附件及热工仪表示意图

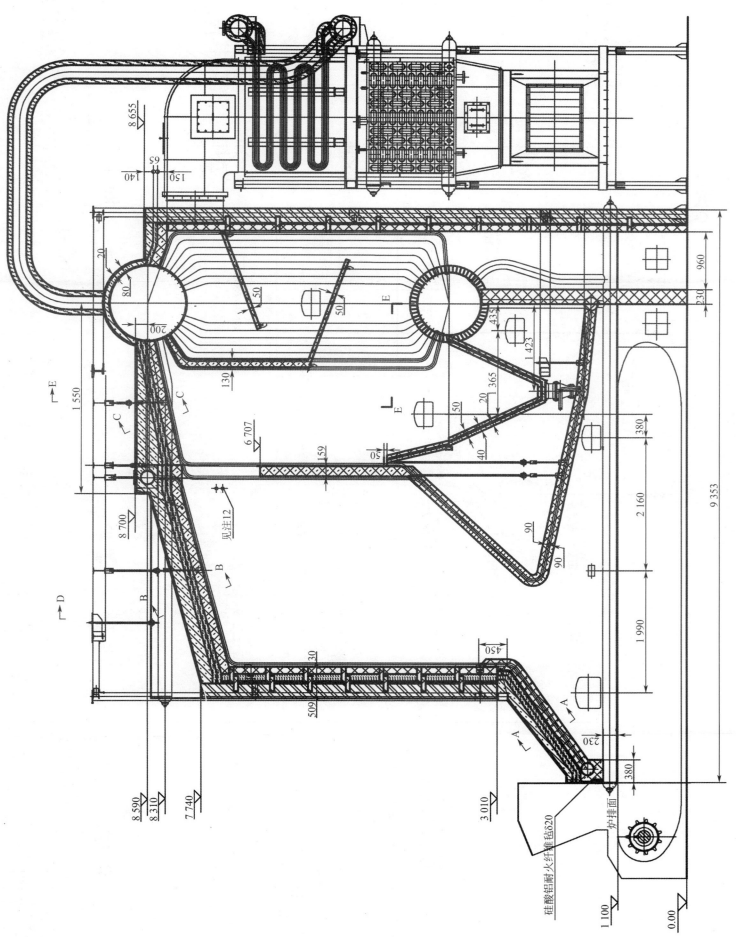

图3-56 20 t/h蒸汽锅炉炉墙砌筑图

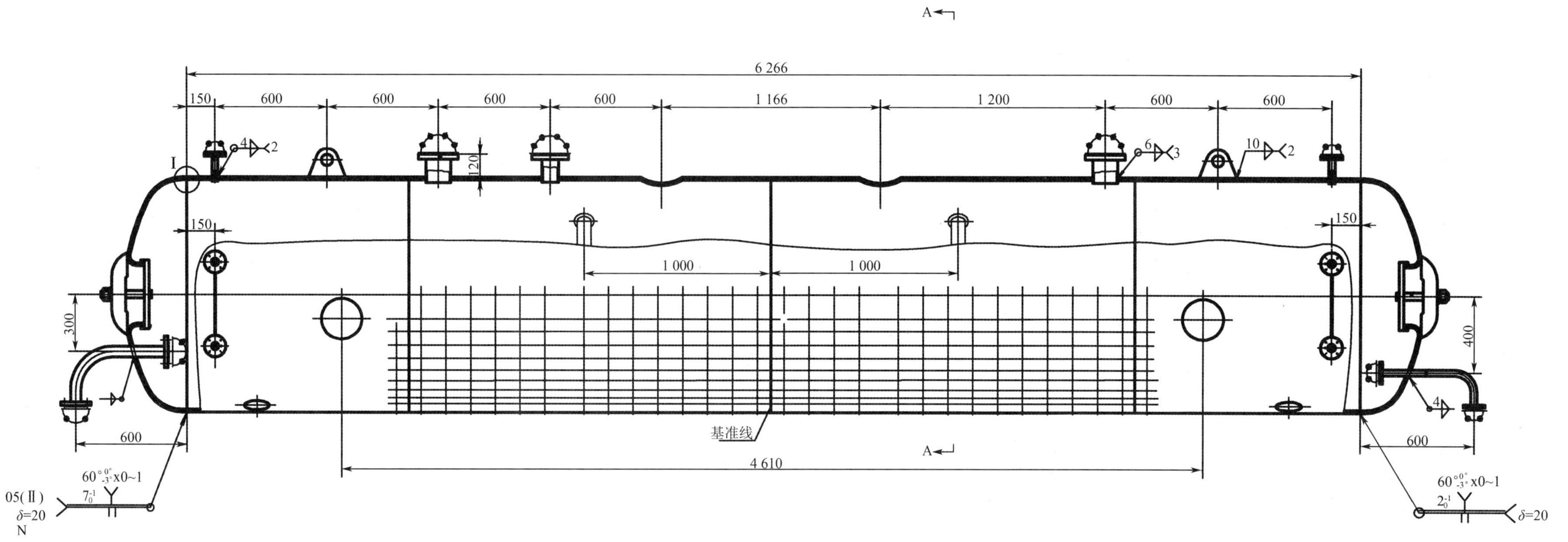

图3-23 锅筒、集箱结构图

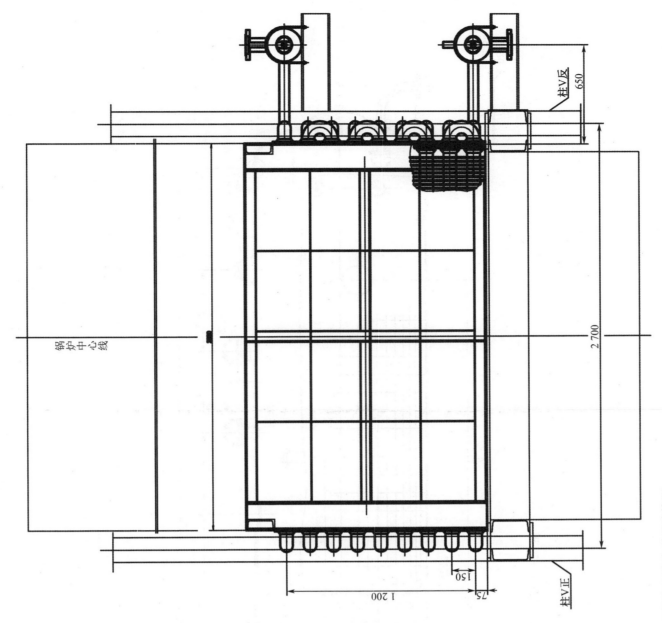

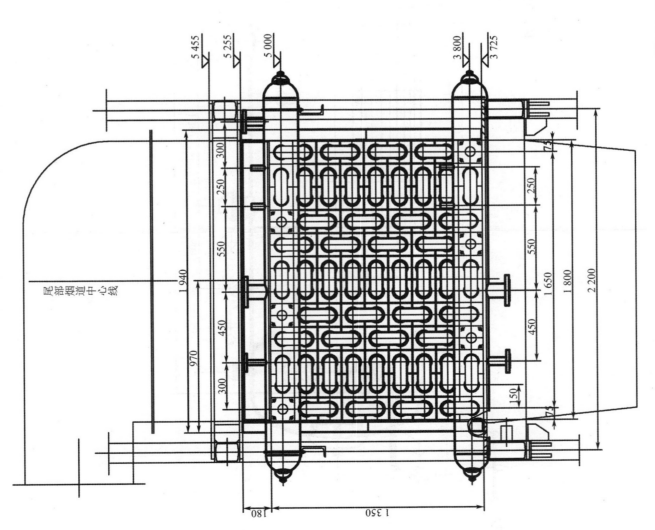

图3-34 20 t/h蒸汽锅炉省煤器结构图